3小时读懂你身边的生物

[日] 左卷健男 编著   丁楠 译

北京时代华文书局

图书在版编目（CIP）数据

3 小时读懂你身边的生物 /（日）左卷健男编著；丁楠译 . — 北京：北京时代华文书局，2022.6

ISBN 978-7-5699-4574-4

Ⅰ . ①3… Ⅱ . ①左… ②丁… Ⅲ . ①生物学－青少年读物 Ⅳ . ①Q-49

中国版本图书馆 CIP 数据核字（2022）第 051399 号

北京市版权局著作权合同登记号 图字：01-2021-3981

3 小 时 读 懂 你 身 边 的 生 物
3 XIAOSHI DUDONG NI SHENBIAN DE SHENGWU

编 著 者｜[日] 左卷健男
译　　者｜丁　楠

出 版 人｜陈　涛
策划编辑｜邢　楠
责任编辑｜邢　楠
责任校对｜陈冬梅
装帧设计｜孙丽莉　段文辉
责任印制｜訾　敬

出版发行｜北京时代华文书局 http://www.bjsdsj.com.cn
　　　　　北京市东城区安定门外大街 138 号皇城国际大厦 A 座 8 层
　　　　　邮编：100011　电话：010-64263661　64261528
印　　刷｜三河市航远印刷有限公司　　　　电话：0316-3136836
　　　　　（如发现印装质量问题，请与印刷厂联系调换）
开　　本｜880 mm × 1230 mm　1/32　　印　张｜6.5　　字　数｜167 千字
版　　次｜2022 年 8 月第 1 版　　　　　印　次｜2022 年 8 月第 1 次印刷
成品尺寸｜145 mm × 210 mm
定　　价｜42.80 元

前　言

如果你也有这样的想法，那么这本书一定适合你：

相比那些难能一见的生物，我们更希望了解"身边的生物"！

相比教科书和图鉴里的解说，我们更想知道"生物与我们的生活之间的关系"以及相关的有趣知识！

当我还是小学生的时候，每天放学回家扔下书包后的第一件事，就是去河里和山里玩。抓鱼、捡贝、采蘑菇，为家里的晚饭添一道菜。经济上虽然贫瘠，但日子过得有滋有味。

"今天会发生什么呢？"那时的我每天怀着无限的好奇，对生活充满期待。

后来很长一段时间，我没有继续学生物，而是选择了物理、化学专业。我曾在中学当理科老师，也曾在大学执教。不过，我从未忘记要去细心观察和寻找自然中的有趣事物，是这份情怀带我走进了现在的工作。

生物并非我的专业，而是我的爱好。我喜欢观察自然，喜欢在国内外进行流浪式旅行，也很享受登山的过程。

与我一同写作本书的青野裕幸先生和左卷惠美子女士，也有着与我相同的兴趣和相似的经历，我们三个都曾在中学执教理科课程。

说起来，我们三人对教生物课有着一致的感受，那就是如今的这门课已经离具体的生物越来越远，变得越来越抽象了。

我们衷心希望，课堂上的生物教学能够更加贴近生活，成为唤起每位同学对身边生物的好奇心的契机。

编写这本书的时候，我特别想要顾及的是那些明确表示自己讨厌虫子、看不得也碰不得虫子的人。

这件事还要从执笔前说起。我受人之托主编一本面向小学女生的理科书，洽谈时编辑和我这样说："因为讨厌虫子的人太多了，没办法在书里加入和虫子有关的内容，就算要加也仅限于蝴蝶和蜻蜓。"

从我的角度出发，我是希望能让讨厌虫子的人也了解到自然的神奇和有趣之处。不愿去触碰也没关系，即使不喜欢，也是可以对它们的生活产生兴趣的。

最后，我想向本书的编辑，日本明日香出版社的田中裕也先生，致以我真挚的谢意，感谢他从非专业的视角审视本书和为本书的编辑工作所付出的努力！

左卷健男

目录

第一章　家庭、院子里的生物

第二章　公园、学校、街道里的生物

第三章　田野、牧场里的生物

第四章　河流、海洋里的生物

第五章　我们人类

第一章

家庭、院子里的生物

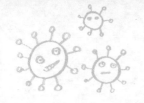

01 病毒："发发汗感冒就好了"是伪科学

> 普通感冒、流感、咽结膜热、麻疹、手足口病、传染性红斑、风疹、疱疹、肝炎（甲型、乙型、丙型）等——我们身边的很多疾病都是由病毒引起的。

◎ 病毒非常小

病毒由蛋白质外壳和里面的遗传物质组成。虽然构造简单，病毒却能感染包括人、动物、植物在内的各种生物，危害它们的健康。病毒无法独自存活，必须通过感染其他生物的细胞来增加自己的数量。

病毒的大小为 20 ~ 970 纳米①。将病毒和大小为 1 ~ 5 微米的细菌放在一起，便会发现它们比细菌还要小得多。绝大多数病毒的个头在 300 纳米以下，只有在高倍电子显微镜下才能看到它们。

如果细菌有网球那么大　　　　　病毒就只有米粒那么小

病毒大小示意图

---

① 1微米是1毫米的千分之一，1纳米则是1毫米的百万分之一。

◎ 被野口英世忽视的病毒

黄热病是一种主要在非洲热带地区和中南美洲流行的疾病，以蚊叮咬为传播途径。黄热病早期症状为患者发高烧，烧退后患者出现严重的肝功能障碍，并伴有黄疸，这种疾病也因此得名。黄热病的致死率可达 5% ~ 10%。

头像被印在日本千元纸钞上的野口英世，曾在 1918 年宣布发现了黄热病的病原菌（细菌）。然而，这种病原菌在日后被证实为另一种与黄热病症状相似的疾病的病原菌，野口英世的发现被证明是错误的。事实上，黄热病并不是由细菌引起的，而是由病毒引起的。

野口英世对细菌致病说的固执，使得他在研究中错误判断了病原体。最终，野口英世因黄热病而倒下，不幸去世。

◎ 流感病毒的传播途径

年复一年来势凶猛的流感病毒，究竟是怎样在人群中传播的呢？

首先让我们来看看什么是感染。流感病毒侵入体内，并黏附在人体细胞的表面，这一过程被称为感染。

感染者会在咳嗽或打喷嚏的时候将携带病毒的飞沫喷出体外。这种随飞沫传播的方式，是流感病毒的主要传播途径，即飞沫传播。此外，用沾有病毒的手触碰口鼻部也会导致感染，这是接触传播。

预防流感传播的重点在于"接种疫苗""正确洗手""保持良好的身体状态""保持室内湿度"，以及"在病毒流行期间避开人群"。一旦患上流感，我们的身体便会出现"38 ℃以上的急性发热""头痛、肌肉酸痛、关节疼痛、浑身无力""咽喉肿痛、流鼻涕、咳嗽"等症状，有时还伴有食欲不振、呕吐、腹痛和腹泻。

另外值得注意的是，由于流感病毒无时无刻不在变异，几乎每一年都会有新型的流感病毒出现。

不同类型流感的区别

类型	特征	主要症状
A 型（甲型）	容易引起大规模流行，持续变异	高热、咽喉疼痛、鼻塞
B 型（乙型）	流行性弱于A 型，不易变异	腹痛、腹泻等消化系统症状，症状较A 型轻
C 型（丙型）	常见于婴幼儿病例，不会变异	一般感冒症状

◎ 用发热来抑制病毒增殖

我们会得感冒，是因为咽喉和鼻腔受到了鼻病毒（增殖于鼻、喉黏膜）、冠状病毒（增殖于鼻黏膜）、腺病毒（增殖于喉黏膜）等病毒的感染。

感冒的症状主要表现为发热、浑身无力、呕吐、咳嗽、打喷嚏。

这些症状都是身体遭到病毒入侵时的正常反应，会出现这些症状，说明身体正在想方设法恢复到感染前的状态。这是努力抗击外敌的结果，这些症状也可以被视为我们身体健康的标志。

病毒的共性之一是不耐高温。病毒之所以要去感染咽喉和鼻腔，是因为这些部位的体温较低（33 ~ 34 ℃）。

当发热症状显现时，我们首先会感到一阵发冷。感觉到冷，说明我们的体温正在上升。事实上，我们是在通过发热使体温升高，从而达到抑制病毒增殖的效果。

体温升高的同时，人体免疫系统也被激活了。所谓的全身无力，其实是身体强制我们静养的手段，目的在于让身体专注于发热以及对免疫系统的调动。

呕吐、咳嗽、打喷嚏，这些症状是身体为了将病毒排出体外所做出的反应。但是由于患者在这一过程中会喷出大量病毒，我们必须小心防范，避免这些病毒成为新的感染源。

只要做好保暖工作并注意休息，大多数情况下不出几日我们就会痊愈。进入感冒恢复期后，身体通常会大量出汗，这是为了把之前升高的体温降下来。所以，并不是因为出了汗感冒才治好了，而是病情开始好转了所以才出汗。

必须注意的是，有时候初期症状看似是普通感冒的疾病，也可能是流感。如果静养之后也不见好转，就有必要请医生来诊断了。

◎ 抗生素对感冒无效

抗生素可以抑制细菌和霉菌生长，但对病毒无效。

不过，当我们被确诊患有感冒时，医生有时候也会开具抗生素。因为随着感冒症状的发展，一些与感冒无关的细菌会借机增殖，所以摄入抗生素是为了预防细菌的滋长。但近来也有越来越多的医生会以"感冒吃抗生素没有意义"为由，不再给感冒患者开具抗生素了。

02 细菌：过度使用抗生素会有危险

说起细菌，人们通常想到的都是有害菌，以及那些常见的抗菌产品。但如果细菌消失了，我们的生命活动也将无法延续。细菌究竟是怎样的一类生物呢？

◎ 细菌大多是无害的

细菌存在于世界的各个角落，可以说没有细菌的地方几乎是不存在的。

细菌的个头比一根头发的横截面还要小，个体细菌无法被肉眼识别。

细菌的身体仅由一个细胞构成，因此属于单细胞生物，而且是不具有细胞核的单细胞生物（原核生物）。它们虽然没有细胞核，却不意味着不具备遗传信息的载体——DNA，只是DNA没有被包裹在核膜当中罢了。

研究表明，地球上最早出现的生物就是细菌的同类。大部分种类的细菌存在于土壤中；论数量，也是土壤中的细菌最多。

绝大多数细菌对人类无害。

部分细菌甚至可以被人类所用。医药品中的抗生素，还有食品中的酸奶，便是人类善用细菌的例子。

不过，也有像赤痢和结核这种对人体有害的细菌，是需要被归为病原菌的。

◎ 杀菌、抗菌不宜过度

如果细菌消失了，世界会怎样？

因为拥有将各种物质分解的能力，细菌对于任何一个生态系统来说，都扮演着维持物质循环的无可替代的重要角色。如果细菌消失了，随之而来的将是地球上物质循环链条的断裂，人类也将无法生存下去。

近来，社会上掀起了一股"抗菌热潮"，仿佛在任何情境下，杀菌都是有益之举。然而不得不说，如果缺少了那些在人体内安家的常住菌，我们的健康生活也将遭遇困难。

和世间万物一样，存在于自然界和人体内的细菌，也是处在微妙的平衡中的。希望这种平衡不要被轻易打破。

◎ 可怕的耐性菌

因为发现青霉菌可以杀灭葡萄球菌，人类研制出了世界上最早的抗生素盘尼西林（青霉素）。[1]自那以后，抗生素成了人们的常备药，而那些长久以来折磨着人类的传染病——结核、鼠疫、伤寒、赤痢、霍乱——似乎已被人类彻底攻克。

但是好景不长，人类转眼便遭到了细菌的反击，纵使抗生素也对其束手无策的耐性菌出现了。

由于长期使用抗生素，部分细菌获得了较高的耐药性，使药物不再起效。这些具有耐药性的细菌，就是我们所说的耐性菌。

---

[1] 由英国细菌学家亚历山大·弗莱明于 1928 年发现。弗莱明于 1945 年被授予诺贝尔生理学或医学奖。

以结核病为例，世界上死于结核病的患者数量仅次于艾滋病（获得性免疫缺陷综合征）位居第二，每年约有 900 万人患结核病，150 万人死亡（2013 年）。

据推测，在这些死亡患者中，约有 48 万人是死于由耐性菌引起的病症。

在日本，自明治时代（1868 —1912）起，截至 1950 年前后，曾有众多国民因感染结核病而死亡。后来，链霉素等抗生药物的发明，以及举国防疫政策的出台，才使结核病造成的死亡人数急剧下降。

尽管如此，2017 年每 10 万日本人中仍有 13.9 人患结核病，这个数字是超过大多数发达国家的。

日本是断然无法像其他发达国家那样，被称为结核病的"低发国"的。①

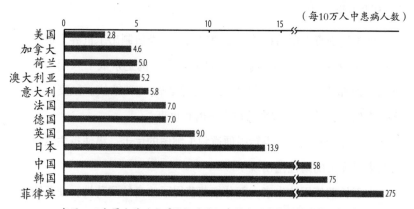

来源：日本厚生劳动省《结核病登记者信息调查年报统计结果》（2016 年）

世界多国的结核病患病率

---

① 2017 年日本死于结核病的人数为 1889 人，位于死因排行第 29 位。相比之下，1950 年时结核病位居死因之首，约有超过 12 万人因结核病死亡。

如今，由耐性菌引起的结核病发病和感染人数上升，已成为许多人的心病。滥用抗生素被认为是导致耐性菌出现的原因之一。万一药物也无法应对的结核病流行起来，谁也无法保证曾一度被称为"不治之症"的这种疾病不会再次席卷世界。[①]合理使用抗生素势在必行。

◎ 发酵与腐败的区别

细菌为了生存，也会将养分吸收入细胞内，将废物排放到细胞外。

举例来说，醋酸菌的排放物就是醋，乳酸菌的排放物是乳酸。再比如某种肠道细菌，它的排放物是氨气。硫磺细菌的排放物是有毒的硫化氢。

如果某种细菌的排放物对人类有益，我们便称其代谢过程为发酵；如果是像氨气或硫化氢这一类对人类有害的物质，我们便称之为腐败。换句话说，发酵和腐败不过是人类根据自身需求，擅自创造出来的对立叫法罢了。

发酵和腐败的区别

---

① 某些情况下，具有耐药性的细菌会将这种耐性传递给其他种类的不具有耐药性的细菌，使其获得耐药性，从而引发连锁反应。

03 霉菌：是毒素，也是美味的食物

我们赖以生存的空气中散布着大量霉菌的孢子。在炎热潮湿的季节，霉菌会生长在食物、衣物和器物上，令它们变质。霉菌让人头疼，但部分霉菌也可以为我们所用。

◎ 霉菌是蘑菇的同胞

霉菌和蘑菇一样，靠分裂孢子的方式繁殖，它们同属于真菌，是同胞关系。孢子萌发后会长出细长的菌丝，并在前端分叉。长成后的霉菌会继续散布孢子，以此增加自己的数量。有一类真菌，它们的菌丝会大量聚集在一起，形成硕大显眼的子实体①，这类真菌就是我们所说的蘑菇（蕈菌）；不会形成子实体的、体形微小的真菌被称为霉菌。

在蕈菌和霉菌以外，还有一类不会长成丝状的单细胞真菌，叫作酵母菌。

通常来说，菌丝非常细，用肉眼是看不见的，因此，当我们发现霉菌时，菌丝前端已经长出了孢子，是其密集的颜色引起了我们的注意。

---

① 子实体是真菌用来制造孢子的器官。我们通常所说的蘑菇，其实是那些长得足够大、能够被肉眼看见的子实体。由于单根菌丝的直径只有几微米，它们几乎不可能被肉眼识别。

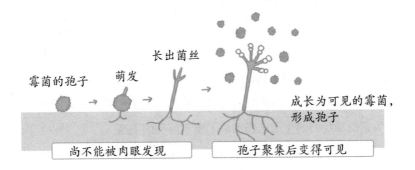

霉菌的孢子　萌发　长出菌丝　成长为可见的霉菌，形成孢子

尚不能被肉眼发现　　孢子聚集后变得可见

霉菌的生长过程

　　例如，从梅雨季节到夏末，在厨房里的食物和丢掉的食物残渣上，能看到粉色面包霉菌。正月里，年糕上长出的紫红色霉菌属于红曲霉的一种，是无毒的。还有附着在年糕表面的灰绿色霉菌，那是芽枝霉菌。①

　　霉菌和蕈菌在自然界中扮演着将有机物分解为无机物的重要角色。它们当中有的是从活着的生物体获取有机物，有的则是利用生物的遗体或遗体分解过程中产生的有机物。

◎ 霉菌可以致病，也可以为人类所用

　　霉菌可以使植物、人类和家畜患上霉菌性疾病，也可以使衣物、食物、建筑物和各种工业制品劣化变质。

　　脚气、金钱癣、头癣等疾病就是由霉菌引起的。主要发生在皮

---

① 适合霉菌生长的环境通常是温度为 20 ~ 30 ℃、湿度为 60% 以上。如果家中霉菌过多，飞扬在空气中的孢子会引起我们的过敏反应，激发遗传性（特应性）过敏症，或是令我们患上哮喘、肺炎等疾病。

肤和黏膜上并会向全身扩散的念珠菌病，也属于霉菌性疾病。

　　另一方面，霉菌对人类来说也有很多用处。例如从青霉菌孢子的毒素中可以提取盘尼西林（一种抗生素）；青霉菌还可以用来做奶酪；曲霉菌可以用于制造味噌、酱油和清酒。

　　不管霉菌是有益的还是有害的，我们都无法和霉菌划清界限，因为它们和我们的生活已经形成了密不可分的关系。

04 常住菌：大便和屁为什么是臭的

> 常年居住在健康人体内的细菌被称为常住菌。常住菌主要存在于肠道中，也分布在口腔里和皮肤表面。常住菌究竟发挥着什么作用呢？

◎ 肠道里约有 100 兆个常住菌

人体内存在着数量庞大的常住菌，其中在以大肠为中心的肠道里约有 100 兆个，口腔里约有 100 亿个，皮肤上约有 1 兆个。

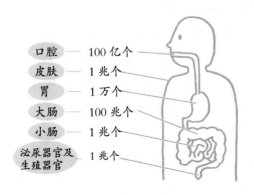

口腔	100 亿个
皮肤	1 兆个
胃	1 万个
大肠	100 兆个
小肠	1 兆个
泌尿器官及生殖器官	1 兆个

常住菌的主要分布及数量

我们还是胎儿的时候，待在妈妈的肚子里，被羊水包围着，外面还裹着一层胎膜。由于生长在完全无菌的环境中，常住菌在胎儿体内是不存在的。

但是等到我们出生时，在通过产道的过程中，妈妈体内的一部分常住菌会沾在新生儿的口鼻和肛门上。新生儿的脸接触到外部世界的瞬间，妈妈的肠道细菌就会被新生儿吸入嘴里。

除了新生儿和产妇，产房里还有医生、助产师、护士和陪产的家属，他们的肠道细菌会随着屁一起被释放到空气中，这些细菌也被新生儿吸了进去。

我们成长的过程，也是不断从外界接收大量细菌的过程。我们正是以这种方式，和多种多样、数量繁多的常住菌生活在一起的。

◎ 能保持皮肤健康的细菌

我们的皮肤上生存着大量细菌，在密集的地方 1 平方厘米上就有超过 10 万个。下面我们将以表皮葡萄球菌为例，来看看这种典型的皮肤常住菌是怎样工作的。

表皮葡萄球菌能够将皮脂分解（以皮脂为食），同时产生酸，使皮肤表面保持弱酸性。这样的皮肤状态有利于维持皮肤常住菌的平衡，使皮肤免受病原菌和霉菌的侵害。如果你的皮肤看起来湿润又有光泽，这说明表皮葡萄球菌正在很好地发挥作用。

不过，我们的皮肤有时也会遇到麻烦：因为某些突发状况，导致平时安分守己的细菌开始大量增殖。例如伤口会"化脓"，就是金黄色葡萄球菌在捣鬼。

我们每次洗脸的时候，皮肤上的常住菌都会被水冲走，不过，残留在毛孔里的细菌会迅速增加，只需要 30 分钟到两个小时就能恢复到原有的数量。不过用卸妆水和一些洗面奶洗脸会使我们的面部皮肤呈碱性，变得干燥毛糙，这样一来，表皮葡萄球菌等常住菌就无法安住了。因此，即使是出于对常住菌的保护，洗脸也不宜过度，也不要使用刺激性的洗面奶，这一点非常重要。

◎ 大便是什么

我们吃下去的食物，会被消化系统消化吸收。

那些不能被消化的残渣，被大肠吸收水分后变成大便，经肛门排出体外。大肠里定居着我们体内绝大部分的常住菌。

大便 75% 的成分是水，其余的 25% 是未消化的食物纤维和肠道细菌等物质，其中肠道细菌要占到 1/3。大便那股强烈的气味，正是由肠道细菌的代谢物散发出来的。

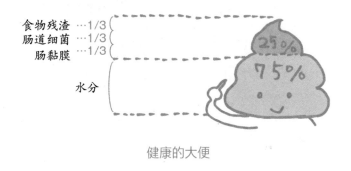

食物残渣…1/3
肠道细菌…1/3
肠黏膜…1/3

水分

健康的大便

◎ 精神压力大的时候，屁会变臭

我们在排大便和放屁的时候，连带着也会将肠道细菌排放到空气中。不过，屁的主要成分中的氮气、氢气和二氧化碳都是没有臭味的。

屁之所以有味道，是因为大肠里存在着以产气荚膜梭菌为首的可以分解蛋白质的病原菌，以及其他腐败菌，这些细菌会产生出硫化氢、氨气、吲哚、粪臭素（甲基吲哚）等难闻的化合物。

如果吃了太多高蛋白的肉类食品，这些难闻的产物也会随之变多。①

　　屁的味道变重，也和精神压力有关。疲劳和压力会导致肠胃消化不良，其结果是肠道菌群失衡，益生菌减少，病原菌增加。

　　精神压力还会引起便秘和腹泻。便秘时，食物长期停留在肠道里，进一步助长了腐败和发酵的发生。

　　可以说，大便和屁的味道能反映出一个人肠道菌群状态的好坏。

病原菌

好臭啊！

腐败菌

05 人体内的寄生虫：日本曾经是"寄生虫的王国"

> 会引起人们剧烈腹痛和呕吐的寄生虫病，在有生食习惯和传统的日本并不稀奇。为了避免在不知不觉中将寄生虫吃进肚子，我们应该具备哪些知识呢？

◎ 寄生虫的生存离不开宿主

寄生在人类或其他动物的体表和体内获取食物的生物，统称为寄生虫。被寄生的人和动物叫作宿主，寄生虫离开宿主无法存活。然而，寄生虫有时也会对宿主造成危害，由寄生虫引起的感染病被称为寄生虫病。

在第二次世界大战结束以前，日本人的寄生虫感染率高达70%～80%，说那时候的日本是"寄生虫的王国"也不为过。其中，蛲虫和蛔虫是当时流行的寄生虫的代表。

不过，如今日本人的寄生虫感染率已经下降到1%以下，这主要是因为以新鲜蔬菜为媒介的感染大幅减少了。

此外，化肥的推广与粪肥的弃用、下水道的普及与卫生环境的改善、基于《寄生虫病预防法》[①]的集体验便与集体驱虫，也为寄

---

① 在日本，该项法律如今已被《感染病预防法》（涉及感染病的预防以及对感染病患者的医疗的相关法律）所取代。

生虫感染率的下降做出了巨大贡献。

◎ 蛲虫只寄生在人体内

在寄生虫几乎被消灭殆尽的大背景下，唯有蛲虫的寄生率居高不下。从感染者的年龄来看，在幼儿园和小学的儿童（5~10岁）感染率最高，为5%~10%；而这部分孩子的父母所处的30~40岁这个年龄段，被认为是感染的第二高峰期。

蛲虫是一种只会寄生在人体内的寄生虫，其成虫生存在人类大肠末端的直肠内。①

雌性蛲虫会在夜间爬出肛门，在肛周产下约1万个卵。卵借助黏性物质黏附在皮肤上。这些黏性物质，以及雌虫在肛门周围的爬动，是引起瘙痒的主要原因。雌性蛲虫在产卵后便死去，不过虫卵的发育速度非常快，在产卵后的4~6小时内即可孵化并具有感染力。

如果因肛周瘙痒而用手去挠，虫卵便会沾在手上，之后经口腔进入人体内，进而引起感染。虫卵还会黏附在内衣和床单等床上用品上；落在地面上的虫卵可存活2~3周，其间可与灰尘混合，并经由口鼻呼入人体内。蛲虫的这种特性，使其较易在家庭内部与集体生活的场所传播。

由于虫卵产在肛门外侧，蛲虫无法通过验便发现。

可以采用利用透明胶带的肛门拭子检查法，将肛周黏附的虫卵转移到透明胶带上，在显微镜下检查。如果发现了虫卵，就有必要

---

① 蛲虫的宿主只有人类，宠物不会感染。雌性蛲虫成虫的体长为8~13毫米，雄性为2~5毫米。虫卵经口腔进入人体后，雌虫需1个月左右发育成熟并产卵。成虫的寿命约为2个月。

吃药驱虫了。

不过，随着卫生环境的改善，自 2015 年起，蛲虫检查不再属于定期体检的必检项目。

除蛲虫外，蛔虫感染也是现今仍然存在的寄生虫感染病。

如果使用人类和家禽家畜的粪便制造肥料栽培农作物，粪肥的发酵不充分可能会导致蛔虫感染。

◎ 异尖线虫病等新型寄生虫病层出不穷

近来，随着饮食文化的多样化发展，以及与宠物接触的增多，新型寄生虫病也随之而来。

例如，因食用青花鱼、三文鱼、鲱鱼、枪乌贼、沙丁鱼、秋刀鱼等水产品的刺身而感染的异尖线虫病；生食荧乌贼感染的旋尾线虫病；生食泥鳅引起的颚口线虫病；通过猫的粪便传播的弓形虫病和经由小狗传播的犬蛔虫病。

其中，由于日本人有着将水产品做成寿司或刺身后生食的习惯，被异尖线虫感染消化系统的比例要多过海外诸国，每年都有 500~1000 例的感染发生。

异尖线虫病，是因异尖线虫侵入人的胃肠壁而发病。如果食用了寄生有异尖线虫的水产品，多数情况下会在 8 小时内发病，症状主要表现为强烈的腹痛，也伴有呕吐或呕吐感。①

---

① 异尖线虫无法在人体内生存，因此疼痛不出几日便会消退。疼痛本身被认为是一种过敏反应。

　　寄生虫有着不耐高温的特性。通过蒸、煮、焯、烤、炸等方法加热食材，可以将寄生虫完全杀灭。

　　再有，就是要用活水仔细清洗蔬菜。

　　将食材冷冻保存，也是一种有效的杀灭寄生虫的方法。以异尖线虫为例，在-20 ℃的环境中冷冻食材 48 小时，即可将异尖线虫彻底杀死。从这个角度讲，大多数冷冻食品都是无寄生虫的安全食品。

　　紫外线照射也被认为是有效的驱虫方法。可以将案板等厨具直接放在阳光下晾晒至干燥。

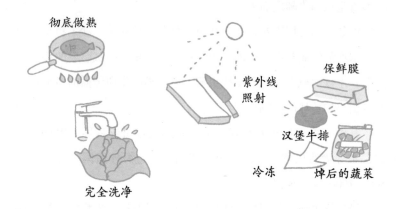

彻底做熟

紫外线
照射

保鲜膜

汉堡牛排

完全洗净

冷冻

焯后的蔬菜

06 螨虫：为何在被褥里繁殖

因为听说被褥里全是螨虫而购买了除螨仪的人，应该不在少数吧。螨虫的繁殖速度极快，两三个月就可能增加到1万只。

◎ 螨虫长得像蜘蛛

因为吸人血和散布传染病而招人讨厌的生物，大体上有蚊子、蚋、跳蚤、虱子、床虱（热带臭虫）、螨虫这几类。

其中，只有螨虫是长着八条腿的非昆虫类生物（其他都是昆虫）。螨虫的形态和蜘蛛相近，它们寄生在人的皮肤上，靠吸人血为生，并会传播特殊的疾病。

◎ 作恶多端的螨虫

同样是寄生在人体上作恶多端，螨虫也分很多种。疥螨，是引起严重瘙痒的疥癣病的致病原因；会在家里叮人并造成瘙痒的，是柏氏禽刺螨和肉食螨；蜱螨一旦咬住人便不撒嘴，并且会传播发热伴血小板减少综合征（俗称蜱咬病）[1]、兔热病和日本斑疹热等疾病；恙螨，是恙螨病的主要传播媒介。

---

[1] 曾有人被蜱螨叮咬后，因感染发热伴血小板减少综合征而死亡。发热伴血小板减少综合征是一种由病毒引起的、以螨虫为传播媒介的传染病，致死率可达 6.3% ~ 30%。由于缺少对症治疗的方法，也没有有效的药剂和疫苗，这种疾病在东南亚地区十分猖獗。

还有一类螨虫是栖息在室内的灰尘中的。其中，尘螨、尘螨的尸体和它们蜕下来的壳，是造成过敏性支气管哮喘和特应性皮炎的原因。

◎ 螨虫有 5 万种以上

光是名字里带"螨"的生物，世界上就约有 5 万种，其中约有 2000 种在日本。据推测，世界上还存在着成倍的、尚未被发现的螨类物种。

螨虫生活在各种各样的地方。依靠其他动物为生的螨类，有的会钻进动物的毛发间，在皮肤上吸血，有的会啃咬羽毛或毛发，有的会潜入动物的皮下，还有的会捕食寄生在宿主身上的其他昆虫和螨类。

而依靠植物为生的螨类，有的吸食树汁，有的以树叶为食（叶螨），有的捕食植物上的其他螨类和小昆虫（小植绥螨），有的则是在植物的球根上安家。

此外，还有生活在土壤里以落叶为食的（甲螨），靠捕食土里的小虫为生的，出现在风干食物、谷物、奶酪、巧克力等储备食物和榻榻米上的（粉螨），栖息在室内灰尘里的（尘螨），以及一种会捕食以上螨类的螨虫，甚至也有螨虫生活在水里。

◎ 如何在家中预防螨虫

家里的螨虫，例如潜藏在地毯和被褥里的，大多属于屋尘螨。这类螨虫一年到头都很活跃，它们靠吃人类的死皮和体垢为生，数量不断增加。屋尘螨是不叮人的。

螨虫喜欢湿度为 60%~80% 的环境。据说当湿度下降到 55%

以下时，它们就无法生存了。不过，近年来人们倾向于让家里的温度保持恒定舒适（20~30 ℃），就连在冬天也会使用加湿器防止湿度下降。为此，我们需要有意识地经常通风换气，以防潮气在家中聚集。[①]

螨虫产卵还有一个必要条件，那就是要有"藏身处"。除被褥外，地毯、榻榻米、沙发也都是合适的场所。[②]

螨虫最爱吃人类的死皮和体垢，而这些"食物"在被褥里最为丰富，再加上那里可以聚集潮气，被褥可谓螨虫的绝佳住处。特别是在梅雨过后到夏末的这段时间，螨虫最容易滋生。

我们可以利用螨虫不耐热的特性，通过在太阳下晾晒被褥，或使用被褥干燥机，将螨虫彻底杀灭。之后，只需再用吸尘器完成彻底清洁即可。

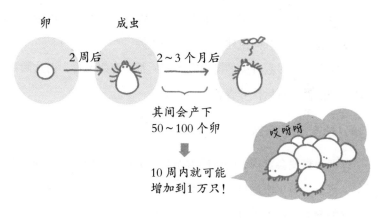

螨虫惊人的成长速度

---

① 应极力避免在房间里晾衣服。观赏植物也会成为潮气的温床，需引起重视。
② 应极力避免在榻榻米上铺地毯。

07 蚂蚁和白蚁：蚂蚁是蜂类的亲戚，那白蚁呢

蚂蚁和白蚁的名字里都带"蚁"字，但它们并不是亲戚关系。因破坏力强而引起人们高度关注的红火蚁，其尾部长有毒针，这样想来，蚂蚁应该是蜜蜂的亲戚才对。

◎ 会细心养育后代的昆虫

虽然名字里都带"蚁"字，蚂蚁和白蚁的共同点却不多。

它们之间最大的共性，是都属于"社会性昆虫"。在蚂蚁和白蚁的社会里，都是由长辈负责照看孩子，而孩子在长大后也会继续和长辈一起生活，共同组建一个巨大的家族。

事实上，大多数种类的昆虫在产卵后都会弃之不管，而这两种"蚁"却能做到将后代养育长大。

◎ 蚂蚁是蜜蜂的亲戚

仔细观察便会发现，蚂蚁的形态和蜂类非常相似。在生物分类学上，蚂蚁是属于膜翅目细腰亚目蚁科的昆虫，因此说蚂蚁是"没有翅膀的蜂类"也不为过。

近年来备受关注的外来入侵物种红火蚁，长着与蜂类相仿的尾针，并能用它进行蜇刺，而几乎所有本土的蚁种，都是不具备这种能力的。

虽然一说到蜂，人们就会想到"蜇人"，但其实会蜇人的蜂是少数派，大体上只有胡蜂、蜜蜂、长脚蜂等几种。蜂类的针原本是产卵管，所以只有雌蜂会蜇人。雌蜂一般只在保护蜂巢时才会动用毒针，平时单独飞行的蜂并不危险。

蚂蚁属于完全变态类昆虫，一生会经历从虫卵到幼虫、蛹，再到成虫的变化。整个过程由其他成虫负责照看，亲生父母并不参与后代的养育。

蚂蚁的成虫世界有着明确的责任分工。蚁后专门负责产卵；工蚁负责寻找食物和养育后代；兵蚁负责对抗外敌；还有雄蚁，它们是专门为了与蚁后交配而出生的。

蚁后　　　　兵蚁　　　　工蚁　　　　雄蚁

总的来说，蚂蚁属于肉食性昆虫，不过，它们也会把蚜虫和植物的蜜①当作能量源来吸食。

从蚂蚁的行为不难看出，它们会对觅食路线进行标记。同一个家族的工蚁之间，可以靠嗅觉识别彼此留下的被称为"路标信息素"的分泌物，找到通往食物的路。②

———————

① 蚜虫的蜜被称为"蜜露"，是蚜虫的排泄物。
② 著名的昆虫学家法布尔曾就这一现象进行观察。由于当时对信息素没有概念，法布尔猜测蚂蚁可以记住路线。

蚂蚁的巢穴大多建在地下深处，分为多个房间，分别对应不同的生活需要。蚁巢中一片漆黑，蚂蚁们通过气味相互交流。

值得一提的是，"蚁冢"并非蚂蚁的家，而是由白蚁建造的。

◎ 白蚁是蟑螂的亲戚

白蚁的名字中虽然有"蚁"字，却是属于蜚蠊目白蚁科的昆虫，是蟑螂的亲戚。

白蚁属于不完全变态类昆虫，和蚂蚁不同，白蚁的幼虫和成虫的形态相似。

白蚁和蚂蚁在形态上最大的区别，在于白蚁有着不负其名的白色腹部。尤其是专门负责产卵的蚁后，其腹部尤为巨大，蚁后也因此可以连续产下大量的卵。

白蚁的生活主要在巢穴中进行。

它们的主食是木头。由于白蚁可以肆无忌惮地在房屋的木头柱子里筑巢并展开破坏活动，因此人类对它们的评价并不好。

但在自然界中，这个评价略有不同。通过进食朽木和枯叶，白蚁可以将其中的纤维素分解，还原成可再利用的土壤。死去的树木若放置不管很难自行分解，而白蚁可以从中起到维持生态平衡的作用。[1]

---

① 天然植物的组成部分中有三分之一是纤维素。纤维素本质上是一种碳水化合物，也是地球上存量最多的碳水化合物。如今，人类正在研究如何效仿白蚁的分解能力，将纤维素转化成生物乙醇（燃料酒精）。

　　另外，蚂蚁其实是白蚁的天敌之一。即使放在所有昆虫中，白蚁也属于非常弱小的一类，它们甚至不愿接触户外的空气和阳光。

08 蚊子：吸人血的是公蚊子还是母蚊子？

会在你耳边嗡嗡地飞，被它叮了又很痒痒，这种让人不爽的东西就是蚊子。不仅如此，蚊子还会传播可怕的病原菌，着实是一种让人头疼的虫子。

◎ 蚊子为什么要吸血

我们平时所说的蚊子，是蚊科昆虫的统称。全世界约有 2500 种蚊子，其中的 103 种可以在日本找到，而这些蚊子当中就有一部分是离我们生活很近的、会叮人又可能传播疾病的麻烦制造者。

蚊子属于完全变态生物，一生要经历从虫卵到幼虫、蛹，再到成虫的变化过程。

只有雌蚊叮人吸血，雄蚊靠吸食植物的汁液维生。雌蚊吸血，是产卵的需要，血液中的蛋白质可以为雌蚊提供营养。

对于我们的身体来说，轻微的外伤性出血很快会止住，这是因为我们的血液具有凝血功能，血管也可以自我修复伤口。但是对蚊子来说，我们的止血机制是个大麻烦，迅速的止血意味着血液会在蚊子用来吸血的口器中凝固。鉴于这种情况，蚊子会将唾液通过口器输送到我们的血液里，以此来抑制血液凝固。

蚊子会将我们锁定为吸血的目标，是因为它们可以感知到我们呼出的二氧化碳。

蚊子飞到我们身边后，会先用触角捕捉我们的皮肤散发出的气味、温度和湿气等信息，然后一边利用复眼辨识颜色、形状和我们的动作，一边发起进攻。

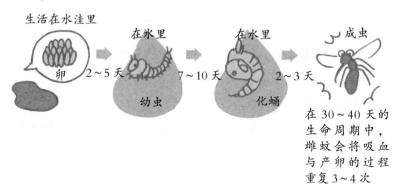

最短 12 天即可变为成虫

被蚊子叮咬后会发痒，是因为我们对蚊子唾液中含有的蛋白质产生了排异反应。换句话说，发痒是一种过敏反应。

过敏反应使皮肤释放出一种名为"组胺"的物质，而组胺会刺激痒神经。为了止痒，人们发明出了可以抑制组胺行使职能的抗组胺药物。另外，痒神经并不存在于我们的内脏里。

◎ 飞行时的嗡嗡声从哪里来

蚊子有着和蜜蜂不一样的飞行声音。这和它们每秒钟振动翅膀的次数有关。

发声物体每秒钟的振动次数，被称为振动频率，单位是赫兹。发声物体的振动频率越高，发出的声音越尖锐。

蚊子每秒振翅约 500 次，所以发出声音的频率是 500 赫兹。而蜜蜂每秒振翅约 200 次，发出声音的频率是 200 赫兹。

相比蜜蜂，蚊子振动翅膀的频率更高，发出的声音也就更尖锐。蚊子飞行时特有的嗡嗡声便是这样来的。

◎ 世界上杀人最多的生物

蚊子会传播疾病。据推测，世界上每年约有 75 万人死于由蚊子传播的疾病。蚊子是名副其实的"世界上杀人最多的生物"。

在为数众多的牺牲者中，死于疟疾的人的比例最大。

疟疾的病原体是"疟原虫"。疟原虫可以寄生在包括我们人类在内的所有脊椎动物的红细胞里。疟蚊，是疟疾的传播媒介。

在过去，日本也曾是疟疾的流行地区，有许多人因患疟疾而死亡。

如今疟原虫在日本已被斩尽杀绝。

不过在 2015 年时，世界上仍有 2 亿 1200 万人感染疟疾，据推测死者超过 42 万人。其中，76 % 的疟疾患者和 75 % 的死者，都集中在非洲撒哈拉以南的 13 个国家（根据世界卫生组织 2016 年数据）。

除疟疾外，由热带家蚊和东乡伊蚊传播的象皮病①，以及由热带家蚊和白纹伊蚊传播的登革热，也都是以蚊子为传播媒介的传染病。

目前这些疾病主要分布在热带和亚热带地区，但是随着温室效应和全球化的发展，其他地区感染人数逐渐增加，今后可能会出现海外输入的感染病例，并导致感染病在国内暴发。

例如在 2014 年夏季，日本就发生了 70 年不遇的登革热大流行，感染人数超过 150 人。当时最初被确诊的患者，是在东京代代

---

① 象皮病是血丝虫寄生人体的后遗症。皮肤和皮下组织出现好似大象皮肤的、明显的增厚和硬化。江户时代（1603—1868）的日本曾有象皮病蔓延。

木公园被白纹伊蚊叮咬后感染的一名女大学生。

09 苍蝇：为什么很难被打到

> 行动敏捷是苍蝇的一大特征，想要逮到它们很有难度。苍蝇给人的印象还包括喜欢搓手和脏——因为我们总能在味道难闻的地方找到它们。

◎ 苍蝇的手脚非常精密

苍蝇的脚上长有味觉和嗅觉器官，它们只需用脚触碰食物，便能知道食物的味道。

据说，苍蝇的脚还能分泌黏液，这些黏液使它们可以停落在天花板和玻璃上。

苍蝇的手脚非常精密，上面如果沾了异物，将无法正常发挥功能，因此需要精心保养。我们看到的"搓手"行为，是它们在护理手脚时的样子。

有种说法认为，这种看似好像在搓"绳子"的行为，正是"蝇"字的由来。

◎ 苍蝇眼中迅速挥下的苍蝇拍，是慢镜头播放

苍蝇的反应是如此迅速，仿佛能够预测我们下一瞬的行为。针对这种现象，有研究者指出，苍蝇的时间感觉可能与人类不同。

有人曾用实验测试过苍蝇对闪烁光源的识别能力。让我们先

来看看人类的情况。如果一个光源的闪烁速度在每秒 45 次以下，它在人类眼中便是"闪烁的"；但如果达到每秒 50 ~ 60 次，便形成了一个"连续光源"。但是对苍蝇来说，一个每秒闪烁 250 次的光源，仍然是闪烁光源。[①]

换句话说，我们对准苍蝇迅速挥下的苍蝇拍，在苍蝇看来其实像慢镜头一样。

◎ 空中杂技般的飞行技巧

就算没有超强的动态视力，苍蝇的反应速度也远远超过人类。据说苍蝇能在察觉到危险后的短短百分之一秒内，就决定好逃走的方向，并将腿聚拢向反侧进行跳跃。

不仅如此，苍蝇还拥有能够看到自己身后 360 度视野的能力。

另有研究表明，苍蝇不仅能在每秒内扇动翅膀 200 次，而且仅靠一次振翅就能改变飞行方向。

综上所述，这就是为什么当我们瞄准苍蝇停落的地方挥动苍蝇

---

① 高频闪烁光源可被识别为闪烁光源（不连续光源）的极限频率，被称为"闪频值"。闪频值可以用来检测眼部疲劳和视神经的敏感度，以及用于诊断视神经疾病。

拍时，是很难得手的。想打到，就要学会去预测它们的行动。

◎ 为什么聚集在粪便上

苍蝇的进食方式，是从口中吐出消化液将食物溶解，然后舔食。

不论是花蜜、水果、粪便还是腐肉，苍蝇统统都吃。

苍蝇喜欢粪便，是因为粪便里残留着大量苍蝇所需的营养，例如蛋白质、糖分和水。

苍蝇的卵孵化后，幼虫在长成成虫前都不会远离孵化场所。因此，粪便可谓能让幼虫不断摄取营养的绝佳场所。

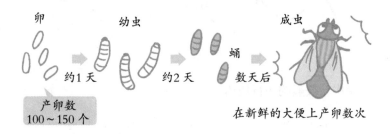

苍蝇的身上携带着多种病原菌，这是因为它们经常与食物和排泄物接触。据说它们会传播O-157大肠杆菌、沙门氏菌、痢疾杆菌等超过60种的病原菌。[①]

————————

① 苍蝇中离我们生活最近的是家蝇，这种苍蝇的一大特征是会侵入建筑物中。家蝇广泛分布在世界各地，喜爱排泄物和腐败的食物，是多种感染病的传播媒介。见到后请务必使用杀虫剂将其杀灭。

10 蜘蛛: 家里的蜘蛛会结网吗

你有没有被要求"不要伤害蜘蛛"呢? 家里常见的蜘蛛会捕食各种害虫, 但它们不会结网。虽然长得不怎么讨人喜欢, 但它们其实是挺可爱的小东西。

◎ 对人类来说大部分是益虫

除了少数有毒的蜘蛛外, 绝大部分蜘蛛都是无害的。因为蜘蛛靠捕食害虫为生, 人们通常视它们为益虫。(实际上蜘蛛并不是昆虫, 见后文详解。)

蜘蛛会在一个地方出现, 说明那里一定有它们要捕食的害虫, 而一旦害虫消失了, 蜘蛛也会随之消失踪影。

◎ 不结网的蜘蛛

说起蜘蛛, 人们一般都会想到蛛网, 然而世界上也有不结网的蜘蛛。这些蜘蛛有的四处游荡居无定所, 有的生活在地底深处。在比例上, 结网的蜘蛛和不结网的蜘蛛大约各占一半。

家里常见的蜘蛛, 有黑色的小小跳蛛①和长着长腿的高脚蛛, 它们都不会结网。

---

① 跳蛛, 顾名思义, 就是走路时一跳一跳的蜘蛛。

跳蛛长着两只大眼睛，身长不足 1 厘米。捕食对象是小苍蝇、螨类和蟑螂的幼虫等。跳蛛性情温和，不会伤害人类。

◎ 为什么蜘蛛不会被自己的网粘住

在我们身边能找到许多蛛网，这些网是蜘蛛用来捕猎昆虫等猎物的陷阱。可是为什么蜘蛛自己不会被网粘住呢？

事实上，并不是所有的蛛丝都有黏性。

蜘蛛结网时，首先会从中心结出放射状的纵丝。完成纵丝后，再结出旋涡状的横丝。之后，横丝会被涂抹上大量微小水珠状的黏液。而作为落脚点的纵丝上是没有黏液的，因此即使蜘蛛踩在上面，也不会被粘住。换句话说，蜘蛛在网上行走的时候是巧妙地避开横丝的。

除了纵丝和横丝，蜘蛛还能吐出用来悬挂自己的、用来裹住卵的和用来包裹猎物的等多种丝。蜘蛛懂得如何按需使用不同的丝。

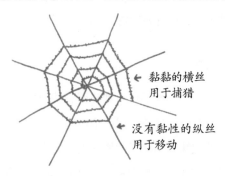

黏黏的横丝
用于捕猎

没有黏性的纵丝
用于移动

值得一提的是，蛛丝的强度，是防弹衣上使用的芳纶纤维[①]的

---

① 芳纶纤维因其优异的韧性、防弹性能、耐燃性和耐腐蚀性，被广泛用于制作汽车刹车片、海底光缆加固剂、消防防火服等。

几十倍，着实令人感到不可思议！

◎ 蜘蛛不是昆虫

蜘蛛的身体分为头胸部和腹部两部分，这与身体结构为头、胸、腹三部分的昆虫有很大区别。

不仅如此，蜘蛛还长有 4 对长脚和 8 只单眼，并没有翅膀、触角和复眼。

蜘蛛的身体结构

世界上约有 4 万种蜘蛛，其中在日本就有超过 1200 种，在中国则有 3800 多种。

蜘蛛的丝，产生于其腹部末端的纺织器。蜘蛛被认为是唯一能够从肚子里"吐丝"的生物。

蜘蛛的身体中央没有脊骨，因此属于无脊椎动物。而其具有的"分节的附肢""外骨骼"等特征，又使蜘蛛和昆虫、螨类、蜈蚣、潮虫、蟹类、虾类一样，属于无脊椎动物中的节肢动物。

蜘蛛的身体表面覆盖着一层结实的壳（外骨骼），这层外壳可以防止蜘蛛体内的水分蒸发。

11 蟑螂：长相和 3 亿年前一模一样的 "活化石"

一看到蟑螂就觉得不适的人应该不在少数吧。据说早在恐龙出现以前，蟑螂就已经长成了现在的模样，而早在日本绳文时代（前 12000—前 300）以前，一部分蟑螂就已经和人类住在一起了。

◎ 形态一直没有变化的生物

平时当我们提到"蟑螂"这种遭人嫌[1]的生物时，一般是泛指蜚蠊目的除白蚁科以外的所有昆虫。它们有着椭圆形的扁平身体，大多数呈油亮的褐色或黑褐色。

世界上已知的蟑螂种类有 3500 种以上，日本产的蟑螂占其中的 8 个科，有 50 种左右。蟑螂的生活区域主要分布在热带和亚热带，日本就地理位置而言位于其栖息范围的北部。寒冷地区几乎见不到它们的身影。

已知的地质年代最久的蟑螂化石，发现于 3 亿 4000 万年前的古生代[2]石炭纪的地层中。该化石中蟑螂的形态，与现今的蟑螂几乎

---

[1] 在外国，也有人像日本人饲养独角仙和锹形虫那样，将蟑螂当作宠物饲养。"遭人嫌"的情况也是有例外的。

[2] 地质时代的一个时期，在恐龙出现以前。

没有区别。换句话说，现今存在的蟑螂是名副其实的"活化石"。

大部分蟑螂生息在森林深处有腐烂植物的地方，以树液和朽木为食。它们以分解者的身份在森林生态系统中扮演着重要的角色。

早在 2 万年前，这些森林蟑螂中的一部分就已经来到了人类的身旁。

◎ 器皿也是蟑螂的食物

我们都知道，蟑螂喜欢啃东西。由于经常啃咬带盖子的食物器皿（御器），蟑螂在日本的名称曾一度被写为"御器咬"。

会侵入人类的房屋并在其中繁殖的蟑螂，只占全体蟑螂的百分之一。

在日本，经常能在家里见到的是黑胸大蠊。这种蟑螂主要在夜间活动，啃食一切能找到的食物和器物，不但糟蹋食物，还传播疾病。

◎ 努力保持房间清洁

为了防止蟑螂入侵，我们可以先做到以下几点：堵住蟑螂能通过的房屋缝隙；不要把食物放在外面；食物残渣等湿垃圾必须放进有盖子的容器里封好。

蟑螂喜爱阴暗温暖的场所，因此电器内部也有可能成为它们的栖身处。市面上的灭蟑药不止一种，可酌情选用。

湿垃圾要封好　　　垃圾要密封好

家电的内部和下面也要经常打扫

水箱

12 金鱼：金鱼是人工育种的产物

> 恐怕所有人都在小摊贩那里玩过"捞金鱼"吧？在宠物店里也能找到金鱼，不过你们知道吗？这种生物在自然界里原本是不存在的。这究竟是怎么回事呢？

◎ 金鱼是鲫鱼基因突变的结果

红色、黑色、白色，这些颜色的组合造就了色彩斑斓的金鱼。但是不论哪种金鱼，刚从鱼卵孵化成幼鱼的时候都是黑乎乎的。

金鱼原本是鲫鱼基因突变的结果，后经人工配种，才诞生出了品种繁多的观赏鱼。因为鲫鱼是偏黑色的，所以金鱼在幼鱼阶段便呈现出了与原种鲫鱼相同的颜色。另外，别看金鱼长大后有着与鲫鱼完全不同的形态，但它们的学名其实是一样的。

◎ 金鱼可以长得很大

金鱼养得好的话可以长到很大，体长可达 30 厘米。但如果只是把鱼放在水里，水质难免会变差，因此有必要安装砂石过滤器。

还有，金鱼是变温动物[①]，当水温保持在 20～28 ℃ 的时候，它们表现得最有活力。37 ℃ 左右的人体温度，对鱼类来说是难以

---

① 变温动物，即体温会受周围气温与水温的影响而变动的生物。我们人类属于恒温动物，体温受周围环境的影响不大。

承受的。因此，切记不要用手去触碰它们。

◎ 种类繁多的金鱼

　　总的来说，鲫鱼和金鱼属于在遗传上容易产生变异的物种。人们利用这一特性，经过不断配种，培育出了形态各异的观赏鱼。

　　日本和中国常见的金鱼有形态保留有鲫鱼特征的"和金"（又名和锦）、体态浑圆的"琉金"、眼球突出的"出目金"（中国名为龙睛）等。人们通过配种还培育出了头顶长有肉瘤却不拥有背鳍的"兰寿"，以及眼睛周围长有水泡的"水泡眼"（水泡金鱼的俗称）等许多品种。

和金　　出目金　　水泡眼　　琉金　　兰寿

　　不过，人工培育的品种往往具有某些严重的缺陷，这使得它们无法在自然界中存活下去。因此，为了维持现有的育种体系，严格的养育管理必不可少。

◎ 容易生病的金鱼

　　金鱼也会生病。这在自然界里也许不是什么大事，但是对于生长在狭窄鱼缸里的金鱼来说，问题要严峻得多。霉菌也好，纤毛虫也好，致病的原因多种多样，必须小心防范才行。

13 龟：长寿的秘密在哪里

> 龟类的生活看上去总是那么悠闲。俗话说"千年的鹤，万年的龟"，龟类真有那么长寿吗？

◎ 两亿年前就背着龟壳

在两亿多年以前（地质时代为中生代的三叠纪，即恐龙诞生的时代），"龟"这类爬行动物就已经存在于地球上，形态也与现在的龟相差无几。它们有的生活在咸水里，有的生活在淡水里，还有的生活在陆地上，但总的来说，龟类的身体结构大抵相似，都以长有背甲为特征。龟类的背甲是与生俱来的，与脊骨连为一体。[1]

龟类靠肺呼吸，即使是生活在大海里的海龟[2]，也需要将头露出水面换气。

海龟在水下的活动时间很长，换一次气可以使它们活跃地游动1个小时，而在减少活动量或睡眠的情况下，连续3个小时不换气都没有问题。

龟类的肺部紧贴着背甲的内侧生长，吸入空气后会像鱼鳔一样膨胀起来。

---

[1] 生有脊骨的动物被称为脊椎动物。如果去专门制作鳖料理的料理店，就有机会看到与脊骨连为一体的背甲。

[2] 说起海龟，它们产卵的场面可谓一景。海龟蛋像乒乓球一样呈正圆形，外面覆盖着白色的壳。和鸟蛋不同，海龟蛋柔软又有弹性。但同样是龟类，鳖的蛋就是有硬壳的。

就像这样！

脊骨与龟壳
连为一体

◎ 龟类每年都会蜕甲

但凡是爬行动物，身体表面都长有鳞片，而对于龟类来说，背上的一片片龟甲就是它们的鳞片。龟类需要一边蜕甲一边成长，类似于昆虫会将已经无法容纳自己的壳蜕掉。蜕甲时，龟甲会按顺序一片片脱落。

以我们熟悉的宠物龟巴西龟为例，巴西龟本名密西西比红耳龟，属杂食动物，成年龟的身长可超过 20 厘米。别看巴西龟小时候只有硬币大小，长大以后可不容小觑。由于已被列为外来入侵物种，实在不建议将它们当作宠物饲养。

◎ 饲养前需要做好心理准备

龟是长寿的象征，在现存的饲养记录中，最年长的一只寿命达到了 152 岁。

龟类长寿的原因被归结为缓慢的新陈代谢。想来，它们在夏冬两季很少活动身体，平常也过着尽量减少能耗的悠闲生活，长寿的秘密大概就在于此吧。不是所有种类的龟都能长命百岁，饲养前还是要做好心理准备的。

14 仓鼠：每天能跑几十千米

仓鼠作为宠物非常受欢迎，然而野生仓鼠却处在灭绝的边缘。为什么会这样呢？

◎ 仓鼠为什么离不开跑轮

东欧、中东、哈萨克斯坦、蒙古、中国等欧亚大陆的许多地方都拥有野生仓鼠的栖息地。总的来说，野生仓鼠生活在寒带，是一种会冬眠的动物。它们不喜欢炎热的天气，酷热难耐的日子总是要在凉爽的洞穴里度过。

最常见的品种是金仓鼠（叙利亚仓鼠），寿命为 2~4 年。

仓鼠的巢穴建在地下，它们会在土里打洞，挖出几个"房间"供自己安居。仓鼠的体形很小，这使得它们成为许多捕食者的目标，也是出于这个原因，仓鼠主要在夜间活动，属于夜行性动物。外出活动时找到的食物会被收集在鳃囊里带回巢穴。这些食物主要包括树木的果实和水果。

将仓鼠被当作宠物饲养时，不够严格的温度管理可能导致仓鼠冬眠失败，这一点需要注意。

野生仓鼠为了觅食，一天能跑几十千米。说跑轮是必需品，理由就在于此。

◎ 容易繁殖，却濒临灭绝

仓鼠是一种繁殖速度很快的动物。野生仓鼠有固定的繁殖期，但是对于家养仓鼠来说，只要温度适宜，随时可以进入生育状态。仓鼠一窝可产下大约 10 只幼崽。

不过，由于天敌众多，加之生育环境的减少，旺盛的繁殖能力也难以扭转仓鼠濒临灭绝的现状。

站在人类的角度讲，仓鼠具有可爱、安静、不需要去户外散步和食物开销较小的特点，非常适合当作宠物饲养。

1930 年，人类在叙利亚捕捉到一只野生金仓鼠。这只雌性金仓鼠当时已怀有身孕，日后产下 12 只幼崽，而这批幼崽又在人类的看管下不断繁衍，子孙遍及世界各地。据说，世界上现存的金仓鼠全部是它们的后代。

◎ 不可以给仓鼠洗澡

饲养仓鼠时有一件事绝对不能做，那就是给仓鼠洗澡。

爱清洁的人无论如何都会产生给仓鼠洗澡的冲动，但是，我们必须了解：仓鼠原本生活在干燥地带；仓鼠最讨厌潮湿；仓鼠不会游泳。它们柔软的毛发天生不适合沾水，一旦浸湿很难干燥，会导致体温快速流失。

动物是懂得如何给自己梳理毛发的。在保持清洁这件事上，它们有它们的做法，请交给它们自己去做吧。

15 老鼠: 什么都啃是因为牙齿会不停生长

> 老鼠是一种招人讨厌的动物, 不但会啃坏东西, 还到处拉屎。但在另一方面, 老鼠又是人类宝贵的实验动物。由于其繁殖力强, 人们用"老鼠会"来形容现代商品销售中的金字塔式多层次模式。

◎ 三种家鼠的区别

老鼠, 即鼠科哺乳动物的总称。

它们体长 5~35 厘米, 几乎无毛的细长尾巴上覆盖着角质鳞片, 上下颚各长有一对巨大的门牙, 终生不断生长。

强大的繁殖能力是鼠类的一大特征, 它们每年产崽数回 (每回产崽 5~6 只), 幼鼠不到一个月即可成熟并继续产崽。

老鼠有很多种, 但是居住在城市里和人类家里的家鼠, 大体上只有褐鼠、黑鼠和小家鼠三种。与家鼠相对的是生活在野外的野鼠, 如田鼠、巢鼠等。[①]

三种家鼠中, 体形最大、尾巴没有身体长的是褐鼠; 与褐鼠相反, 尾巴比身体还要长、头上长着两只与脸形不相符的大耳朵的, 多半是黑鼠; 体形最小, 和人类手心差不多大的, 一定就是小家鼠了。

---

① 家鼠和野鼠并非生物学上的分类。家鼠因其对人类家庭造成的危害而受到人类的特别关注, 以至于其他鼠类被统统归为了野鼠。

褐鼠和黑鼠的寿命约为 3 年，小家鼠为 1 ~ 1.5 年。

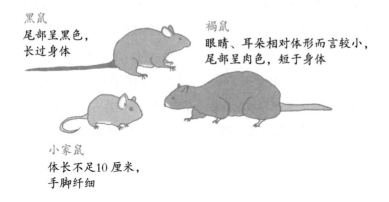

黑鼠
尾部呈黑色，
长过身体

褐鼠
眼睛、耳朵相对体形而言较小，
尾部呈肉色，短于身体

小家鼠
体长不足10 厘米，
手脚纤细

◎ 老鼠带来的种种危害

老鼠在家中出没为人类带来了各种危害。

房屋的柱子、墙壁、电线等地方都会遭到老鼠的啃咬。它们随处排泄的粪便中含有多种杂菌。它们身上携带的螨虫和病原菌则会增加我们感染疾病的概率。

鼠类的门牙一辈子不停生长，每周都能长出 2 ~ 3 毫米，因此它们必须用啃东西的方式来磨牙。我们生活中遇到的鼠害，有一大半是黑鼠所为。

黑鼠身手敏捷，能够沿着屋外的电线和排水管道轻易潜入人类家中。由于不耐寒冷，黑鼠常常会利用家中被褥为自己做窝。它们还会在天花板上跑来跑去。

不光在家中，鼠类还在世界范围内对粮食储备造成了严重危害。在亚洲，谷物总产量的 20% 以上是被老鼠吃掉的。如果将受害范围扩大至全世界，平均下来每年也有超过 10% 的农作物是被老鼠糟蹋的。①

老鼠还是多种传染病的传播媒介，这当中就包括鼠疫。有种说法认为，古雅典和罗马帝国的灭亡就是由鼠疫造成的。在日本，鼠疫曾于 1899 年在神户、大阪、东京等地流行，起因据说是黑鼠。

另外，老鼠身上还寄生着一种名叫"柏氏禽刺螨"的吸血螨虫，这种螨虫在老鼠死后会寻找新的宿主，并可能因此叮咬人类。如果发现家中有老鼠出没，请一定要积极地研究驱除对策。

◎ 为何要将小鼠当作实验动物

所谓实验动物，是指在医学、生物学等科学领域中，为了在研究中使用而饲养、繁殖的动物。典型的实验动物包括小鼠、大鼠和豚鼠。

其中，小鼠的使用频率最高。

选择小鼠的原因有很多，比如：它们和人类同为哺乳动物；它们世代交替的间隔短，繁殖率高；它们身形小巧，性情相对温和，在同一空间内可以多数饲养；等等。

但小鼠最大的优点，还在于可以以近交系小鼠为基础，培育出多样的品系。

所谓近交系小鼠，是指在经过连续的近亲交配后，基因相似度高达 99% 的鼠群。创造这样的鼠群，需要在同窝小鼠中进行同胞或亲子交配，并将这一过程反复 20 代以上。

近交系小鼠拥有诸多品系，全部可以在专门的从业者处购买。只要使用基因相同的小鼠，任何人在任何地方进行实验都将得到相

---

① 根据联合国粮食及农业组织（FAO）的调查结果。

同的结果，从而使科学研究达到基因级别。

科研人员为了研究疾病，还会人为制造出患有与人类相似疾病的实验动物，这类实验动物被称为疾病动物模型。例如，培育出患有先天高血压的小鼠，用于检验低盐饮食的效果和新型药物的药效。

对于一些可能对人体构成危险的物质（毒性物质），由于无法在人体上实验，可以通过动物实验推测出该物质对人体的影响。

而对于那些对人体有用的物质，在应用于人体之前也一定会先在动物身上进行研究。

不过即使同为哺乳动物，人类与动物之间依然存在着物种的差异，利用实验动物得到的结果是不可能完全适用于人类的，只是在一定程度上可以推测出对象物质可能对人体产生的作用。[1]

◎ "老鼠算"和"老鼠会"

日本传统数学中有一道叫作"老鼠算"的经典问题。在1627年发行的书籍《尘劫记》中，吉田光由提出了如下问题：

"雌雄 1 对老鼠在正月生下 12 只子鼠，一个月后，7 对成鼠又分别生下 12 只子鼠。如果月月如此增长下去，十二月的时候将有多少只老鼠？"

答案竟然是 27,682,574,402 只。

于是，数量的急剧增长被人们称为"老鼠算"式增长，而从这一数学模型中发展出来的，便是传销中的"老鼠会"[2]。

---

[1] 如果预期会对人体产生理想的效果，则进入临床试验阶段。即使通过了使用小鼠等的动物实验，药物对人体的影响仍存在未知部分，需经过人体检验才能得出确实的结论。

[2] 正式名称为"层压式推销"，这是一种被相关法律明文禁止的传销模式。类似的传销模式还有"多层次传销"，在日本又被称为"冒牌老鼠会"。

16 猫：你能一眼识别出野猫吗

猫凭借其可爱的表情在人类的世界里颇受宠爱，但是在骨子里，猫始终是捕猎者，部分物种已在它们的捕杀下濒临灭绝。

◎ 忠于欲望的猫族生活

对于过着随性生活的猫咪来说，"傲娇"这个形容词再贴切不过了。日本人在表达手忙脚乱的时候会说"好想让猫也来搭把手"，可见猫是不会像狗那样为人类贡献力量的。[①]

猫是天生的捕食者，即便是家养的猫，身上也依然残留着野生猎手的特征。

比如，家猫可以轻松跳过 5 倍于自己身长的高度，也可以若无其事地从高处跳下来，这些表现都说明它们继承了祖先身为猎手的能力。

通常来说，家猫只有在肚子饿到不行的时候，才会主动向饲养者献殷勤。和狗不同，猫效忠的不是自己的主人而是自己的欲望。

◎ 猫的前脚上也长着胡须

猫长着气派的胡须，这些胡须的根部与大量的神经相连。我们

---

① 虽然普遍认为猫会捕鼠，但这和家猫是没有关系的。特别是考虑到老鼠在人类的领地里并未绝迹，猫对捕鼠也许并不上心。

都知道，猫天生具有强大的夜视能力，而当它们在黑暗中行动时，胡须也可以起到辅助作用。它们能够做到东奔西跑而不撞到任何物体，完全是胡须的功劳。猫的胡须据说敏感到可以感知到极其细微的空气的流动。

长在"眉毛"上的胡须是直接和眼睑神经相连的，用来保护那对大大的眼睛不受外界伤害。一旦胡须触碰到外物，眼睑就会瞬间闭合。

仔细观察便会发现，猫的前脚上也长了胡须。猫之所以能够在通过狭窄的缝隙时不踩到任何东西，正是借助了前脚的胡须收集到的信息。

◎ 辨别野猫和家猫的方法

你们知道吗？有种方法可以让你一眼辨别出哪些是野生的猫科动物，哪些是家养的宠物猫。那就是看它们耳朵背面是否长了白色斑点。这种斑点叫作"虎耳状斑"。

狮子、老虎等野生的猫科动物，大都长有这种斑点。下次去动物园的时候不妨仔细观察一下。

耳朵背面的虎耳状斑
（白色斑点）

虎耳状斑的作用，据说是为了让幼崽在茂密的丛林中看到父母的背影，并跟在它们身后。虎耳状斑也是识别同伴的标志。

17 狗：为什么在 1 万年前被人类驯服了

狗是由狼驯化而来的。大约在 2 万~3 万年前，狼便和人类生活在了一起，它们是最古老的被人类驯服的动物。

◎ 狗有多少品种?

狗的品种被称为犬种。

目前，包括非认可的犬种在内，世界上约有 700~800 个犬种。[①]

我们最熟悉的莫过于作为宠物被饲养的"宠物犬"了，但其实大多数犬类都属于工作犬种，譬如猎犬、牧羊犬、牧畜犬，还有看门犬、救援犬、警卫犬等。单就猎犬来说，也分为凭借卓越视力和奔跑能力追逐猎物的犬种、依靠嗅觉追踪猎物的犬种、负责回收猎人猎取的猎物的犬种等。每个犬种都有其与众不同的特征。

◎ 所有犬种都由同一种狼驯化而来

不论是哈巴狗、吉娃娃这类小型犬，还是出任看门犬或救援犬的杜宾犬，抑或雄性重达 110 千克、雌性也有 90 千克的大型英国獒，追根溯源它们都是由同一种狼驯化而来的。

研究表明，狼会待在人类身边，是为了得到人类吃剩的肉。而

---

① 根据以欧洲加盟国为中心的世界犬业联盟（FCI）的认证结果，世界上共有 334 个认可犬种（截至 2017 年 7 月）。

当有被狼视为敌人的大型食肉动物接近时，狼就会发出或低沉或高亢的吼声。

从人类的角度出发，饲养狼是为了防范大型食肉动物。在调查古人类遗迹的过程中发现，大约从 1 万年前起，犬类骸骨的数量陡然增加，这说明当时的人类已经完成了对狼的驯化。

在那之后，狗随着人类的迁徙被带到了世界的各个地方，并在各地与当地的狼进行杂交。这一过程可以被视为人为的品种改良，狗也因此分化成了多个品种。

所谓品种改良，是指让具有人类需求特征的雄性和雌性交配，并从后代中挑选出最为理想的雄性和雌性继续交配，连续几代如此反复。作为结果，育种后的家畜一定携带着符合人类期待的特征。

换句话说，脸形、毛色、体形、性格大相径庭的众多犬种，完全是由人类经过品种改良创造出来的。①

品种改良在欧洲与中国同时展开

---

① 据文献考证，在日本，"犬"一词最早出现在《古事记》的下卷中。由于在古时已开始饲养专门的猎犬和看门犬，书中记载了名为"犬饲部"的职业分工。

◎ 狼为何容易被驯化

狼是一种以群体为单位的狩猎动物。狼群中存在着明确的等级制度，往往以首领为中心形成主从关系，狼群的行动也因此是有组织的、注重配合的。

成年狼不容易与人类亲近，因此不难想象，人类在最初驯化狼的时候，像饲养宠物一样饲养了狼的幼崽，以这种方式在人与狼之间建立了主从关系。狗之所以甘愿服从于人，正是因为它们认为人类的地位高于自己。

◎ 超强的嗅觉

在嗅觉上，狗继承了祖先狼的能力。

狼聚族而居，捕猎时集体出动，它们对受伤的动物和离群的食草动物穷追不舍，直到目标筋疲力尽陷入包围，再一拥而上。

即使与猎物相隔很远的距离，狼群也能寻着随风飘散的气味，或是数天前残留在足迹上的味道展开追捕。追踪眼前不存在的猎物时，气味是唯一的线索。

狗可以嗅出数天前在道路上留下的鞋子的味道。这是为什么呢？

狗的鼻尖是湿润的，可以利用风向辨别出气味传来的方位。狗鼻腔中的"嗅黏膜"由非常多的褶皱构成，表面积是人类的几十倍。当气味分子进入鼻腔，聚集在嗅黏膜上的大量嗅细胞会机敏地做出反应，并将信号经由发达的嗅神经传递给大脑。

据说警犬在追逐人类足迹的味道时，感知到的是汗液中含有的"挥发性脂肪酸"的味道。

狗的嗅觉是人类的 100 万倍，在特定情况下甚至能达到人类的 1 亿倍。狗的嗅觉与不同种类气味的关系如下页表所示：

人类与犬类的嗅觉差异

气味的种类	倍数
酸味	1 亿倍
鹿子草的香味	170 万倍
腐烂的黄油味	80 万倍
紫罗兰的香味	3000 倍
大蒜味	2000 倍

来源：日本警犬协会网站

◎ 继承自狼的本能和习性

说到狗从狼那里继承来的本能，主要有繁殖本能、社会性本能、自卫本能、逃走本能、运动本能和营养本能。为方便说明，下面让我们来看看狼在进行集体狩猎时会动用到哪些本能和习性。

某时，狼群闻到了远方猎物的气味，于是从巢穴出发展开追踪（搜索本能）。发现目标后，狼群旋即开始追捕逃窜的猎物（追迹本能），并在捕获猎物后将其运回巢穴（拾物本能、归巢本能），供幼崽进食。狗看见动的物体就会追上去，这种行为便是起源于狼的狩猎行为。

不论是警犬利用嗅觉追踪嫌犯（搜索本能），还是犬类看到行人和自行车就忍不住追上去（追迹本能），抑或将投出去的球叼回来（拾物本能），所有这些行为都起源于它们的祖先狼在狩猎（捕食行为）时调用的本能。

不过，这些行为在不同犬种和不同个体身上会呈现出极大差异，并非所有的狗都会采取相同程度的行动。

搜索本能

失主

追迹本能

拾物本能

专栏1　生物分类学的发展

作为分类学之父，瑞典的博物学家卡尔·冯·林奈最先定义了生物的学名应分为"种"和"属"两部分，并应使用拉丁语记述的命名方式。虽然在林奈之后也涌现出了许多不同的分类法，但命名法基本上是沿袭了林奈的方式。

林奈原本是一名植物学者，不过他也致力于为动物命名，日后甚至还学习了矿物知识并积极为矿物命名。林奈的事业轨迹在今天看来或许有些不可思议，但在当时，存在于自然界中的东西是被大致分为"植物""动物""矿物"这三种的。

在当时，生物被认为只有动物和植物两大类。顺着这个思路去推测的话，那个时代人的想法大概就是类似于"会动的东西是动物"吧。

那么，比如说眼虫（绿虫藻）这种无处不在的生物，应该如何分类呢？如果将它放在显微镜下观察，看到的应该是一种"绿色的、像虫子一样动来动去"的生物。眼虫呈绿色是因为体内有叶绿素，换句话说，它可以靠光合作用自己制造养分。可是这样一来，眼虫到底应该算是动物还是植物呢？

像眼虫这样，在古典的思维方式下"既不属于动物也不属于植物"的生物，在我们身边其实有很多。

现在，借助DNA的碱基序列和蛋白质内的氨基酸排列顺序，人们开始在分子级别重新审视生物的分类方式。分类学作为一门历史悠久的学问，如今正迎来一个前所未有的转折点。

第二章

公园、学校、街道里的生物

18 西瓜虫：在迷宫中可以不迷路就走到终点

西瓜虫喜欢阴暗潮湿的地方，所以经常能在花盆底下找到它们。西瓜虫会吃掉枯叶，把它们转化成土壤中的养分。

◎ 住在枯叶和石头下面

西瓜虫是潮虫科鼠妇属的节肢动物。常见的西瓜虫呈灰黑色，身长约 1.5 厘米，腹部分为 7 个节，每个节上有一双腿，共 14 条腿。虽然每个节上都长着坚硬的甲壳，但节与节之间仅由薄薄的皮相连。

因为受到刺激时会蜷成球状，像西瓜一样，所以俗称西瓜虫。

◎ 变成球是为了防御

西瓜虫蜷缩起身体后，脆弱的头部和节与节之间的部分就隐藏起来了，变得像弹珠一样。这样一来，露在外面的全是硬壳，就算别的虫子想要吃它也无法得逞了。

西瓜虫正是为了保护自己免受外敌攻击，才变成球的。

头部

胸部

腹部

西瓜虫的身体

与西瓜虫形态极其相似的另一种动物是潮虫。两者的生活环境和食物几乎一样，但潮虫在被触碰后不会变成球形；行动敏捷是潮虫的一大特征。西瓜虫和潮虫都属于"潮虫亚目"，是海蟑螂的亲戚。总的来说，它们都是陆生甲壳动物。

饲养西瓜虫时，我们需要经常用喷雾器加湿，以防止土壤干燥。饲料可以使用枯叶和小鱼干。

西瓜虫交尾后，会在侧腹部的"保育囊"里产下50～100个卵。

卵在大约1个月后孵化，但幼虫不会很快离开保育囊，它们会待在那里，直到可以独立爬行。之后，它们在不断蜕皮中成长，度过一生。西瓜虫的寿命据说可超过3年。

◎ 左右交替转弯的习性

西瓜虫在碰到障碍物后，会表现出左右交替转弯的习性。这种习性被称为交替性转向反应。例如，在迷宫中前进遇到墙壁时，西瓜虫会首先向右转；下一次遇到墙壁，则向左转。采用这种前进方式的话，不管什么样的迷宫都是难不倒西瓜虫的。

考虑到西瓜虫大多数时候生活在黑暗的土壤里，这样的习性可以确保它们在行动中做出合理的判断。

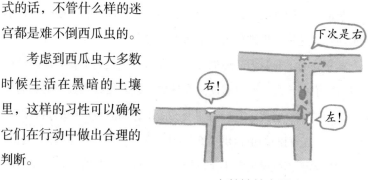

交替性转向反应

19 蜂：可怕的不是蜂毒，而是过敏反应

说到蜂类，很多人的第一反应都是害怕被蜇到。有数据显示，日本每年有大约 20 人因被蜂蜇到死亡。胡蜂是蜂类中凶暴的典型。

◎ 最凶的是胡蜂

在我们日常生活中，会蜇人的蜂主要有胡蜂、马蜂和蜜蜂。蜂类属于群居的"社会性昆虫"，通常只有在保卫巢穴时，才会集体利用毒针进行攻击（会用毒针攻击的仅限雌蜂）。

蜂类中当数胡蜂最为凶暴。胡蜂不但是同类中体形最大的，还能从毒针中喷射毒液。在毒液耗尽以前，胡蜂可以多次利用毒针进行攻击。

袭击人类的蜂类，绝大多数是黄胡蜂（黄蜂）和大胡蜂。特别是黄胡蜂，这种蜂也被称为"都市型胡蜂"。

黄胡蜂为了躲避大胡蜂的袭击，在城市里找到了新天地。城市里没有它们的天敌，而且黄胡蜂在这里可以轻松找到人类喝剩的饮料，其中的糖分取代了它们对树液的需求，而湿垃圾中的鱼和肉的残渣，又为它们的幼虫提供了充足的食物。它们只要在屋檐下筑起球形的蜂巢，遮风避雨都不是问题。就这样，黄胡蜂在城市里开始了它们横行无阻的生活。

胡蜂中体形最大的是大胡蜂。这种肉食性昆虫会捕捉螳螂、青虫和大型的金龟子，带回巢穴供幼虫食用。特别是在秋季，由于供养新的女王蜂需要大量蛋白质，工蜂们有时会集体出动去袭击其他胡蜂和蜜蜂的巢穴。经过数小时的死斗，大胡蜂将对方的成虫悉数咬死，并将巢穴内的幼虫洗劫一空。

◎　毒性微弱，但是……

即使被蜂类蜇了，那点毒性对人类来说也微乎其微。绝大多数时候，真正危险、能置人于死地的并非蜂毒，而是由过敏性休克引起的急性低血压和由上呼吸道肿大引起的呼吸困难。[①]

会对蜂毒过敏的人，在人群中大约占一成。万一被蜂蜇了，正确的处理方法是从伤口挤出毒液，然后用活水冲洗、冷敷，并尽快就医。发生死亡的事故，大多发生在附近没有医生的山村。

◎　蜂类蜇人等于自杀吗

有这样一种说法，蜂一旦蜇人就会死。

但实际上这种说法只适用于蜜蜂，其他蜂类的毒针是可以反复用于进攻的。

蜜蜂的毒针上长有倒刺，一旦刺入便无法拔出。如果强行拔出，蜜蜂便会因内脏破裂而死亡。因此，毒针对蜜蜂来说是名副其实的"最后的手段"。

拔掉刺入皮肤的蜜蜂毒针时要使用镊子。毒液会散发出强烈的气味，吸引同伴前来，因此必须将伤口洗净。另外，蜜蜂对杀虫剂

[①]　马蜂蜇人和胡蜂一样疼，而且同样会引起过敏性休克。但马蜂性格平和，不去靠近它们的巢穴是不会被蜇的。

是有抗药性的，对着蜂巢喷杀虫剂会使蜜蜂倾巢而出，一发不可收拾，一定要注意。

在所有蜂类的巢穴中，蜜蜂巢的个头是最大的。一个蜜蜂巢可以容纳几千至几万只蜜蜂，是一个庞大群体的栖息场所。

◎ 蜂类是我们生活中不可缺少的益虫

蜂类是一个拥有 10 万种以上分支的大家族。

它们传播花粉，捕食农作物害虫或寄生在害虫身上，为生态系统和我们的生活带来了不可估量的利益。

特别是授粉、采蜜的习性使它们被人类饲养，因而在农业、饮食等方面与我们的生活有着密不可分的关系。

【小知识】1 岁以后才能吃蜂蜜

一般蜂蜜产品在包装前并未经过加热处理，因此有混入肉毒杆菌的可能性。不满 1 岁的婴儿食用后可能引起婴儿肉毒杆菌中毒，有致死的风险。

通常来说，肉毒杆菌被摄入后是敌不过肠内细菌的，但是婴儿的肠内细菌尚不完备，肉毒杆菌在肠内增殖后便会产生毒素。

超过 1 岁基本上就不用担心了。

20 鼻涕虫、蜗牛：为何撒盐会使它们融化

鼻涕虫和蜗牛总会让人联想起湿漉漉的梅雨季节。虽然传说撒盐可以使它们融化，但那其实是渗透压造成的现象。这究竟是怎么回事呢？

◎ 触角一根也不能少

鼻涕虫和蜗牛在分类学上是同胞关系。它们是生活在陆地上的螺，有壳是蜗牛，没有壳的是鼻涕虫。

实际上，有一种鼻涕虫的身上就保留了只剩下痕迹的壳。从这层意义上讲，鼻涕虫和蜗牛也基本属于同一类生物。

它们的眼睛都长在触角的前端。在四根触角中，有眼睛的叫大触角，没有眼睛的叫小触角，鼻涕虫和蜗牛便是利用这四根触角来收集周围的信息的。如果残缺了哪怕一根触角，它们就无法沿直线前进了，不过缺失的触角过几个月还会长出来。

蜗牛与海螺、田螺等螺类的区别在于，蜗牛的壳是没有"盖子"的。因此，当环境干燥得无法忍受时，蜗牛就会用黏膜封住壳的出口。

◎ 蜗牛靠什么吃东西

把蜗牛和鼻涕虫放在透明的板子上，然后从下方观察，便会发现它们的口部是黑乎乎的。那里其实长着"牙齿"。话虽如此，但它们的牙齿和我们的并不相像，名叫齿舌，是一种形似锉的器官。当它们在食物上爬行时，齿舌便会刮下食物吃进嘴里。如果细心观察，你会在生长在石头上的青苔上面找到蜗牛进食的痕迹。

由于食物的颜色会直接反映在排泄物上，喂给它们各种东西然后留心观察粪便的颜色是一件很有趣的事。

◎ 其实不是真的融化了

想必大家都听说过鼻涕虫和蜗牛会"遇盐融化"的说法吧？为什么会这样呢？

首先，"融化"是错误的说法，只是看起来好像融化了，事实应该是"干瘪"了。这种看似融化的现象，是由渗透压造成的。

这就好比用食盐去腌青菜。

如果在水灵灵的青菜上面撒盐，青菜就会不断被杀出水分，变得蔫软。这是因为青菜内外两部分的盐溶度出现了差异，为了使溶度恢复一致，内侧的水分便会渗出来去稀释外侧的盐分。这种"驱使水分移动的压力"被称为渗透压。

鼻涕虫遇盐后不断渗出水分，像木乃伊一样越缩越小，这就是传说中的"融化"现象的真相。

因为并不是真的融化了，所以只要向它们泼水，它们就会很快活过来。不光是鼻涕虫，蜗牛也是这样。

21 蚯蚓：达尔文研究了 40 多年

能够让进化论的提出者达尔文研究了 40 多年的生物，正是蚯蚓。蚯蚓往往出现在烈日当头的时候或是在大雨过后，然而它们真正施展本领的地方是在土壤里。

◎ 哪边是头，哪边是尾？

蚯蚓没有眼睛也没有耳朵，但可以靠皮肤感受光和震动。蚯蚓也没有手和脚，身体由一系列被称为体节的部分组成，通过体节的伸缩来实现身体的移动。

乍一看，蚯蚓的头和尾好像一模一样，其实离白色环状部分（环带）较近的一端是它们的头。蚯蚓的头上长着嘴，但是嘴里没有牙齿。另外蚯蚓是有大脑的，尽管体积非常小。

每条蚯蚓都同时具有雄性和雌性的功能，这种情况被称为雌雄同体。换句话说，蚯蚓的身体里既有雄性的部分，也有雌性的

部分。

尽管如此，蚯蚓是无法自己跟自己繁育后代的。交配时，需要有两条蚯蚓头尾颠倒地并排在一起，它们会相互受精，事后两条都将产卵。蚯蚓的卵长几毫米，呈柠檬形。

常见的蚯蚓是赤子爱胜蚓，它们的体长为 10 厘米左右。日本最大的蚯蚓是西博尔德蚯蚓，体长可达 30～40 厘米，粗约1.5 厘米。

◎ 令达尔文着迷的工作方式

蚯蚓生活在距离地面 10～12 厘米深的地下，以落叶等枯萎腐烂的植物为食。

蚯蚓吃下枯叶时，会把土壤也一并吞下，之后再以粪便的形式排出体外。

蚯蚓每天可以排出相当于自身体重一半的，甚至是与体重相当的粪便。虽然一条蚯蚓的排便量很少，但如果把土壤里的蚯蚓全部算进去，数量就非常可观了。

19 世纪时，一位生物学家曾花费 40 多年时间去研究蚯蚓的生活，这个人就是因进化论而闻名于世的查尔斯·达尔文。

根据达尔文的研究，仅在英国的尼思（Neath）地区，一年间能够采集到的蚯蚓的粪便，就可以铺满 1 英亩（约 4000 平方米）的土地，重达 14.58 吨。

不仅如此，据说在蚯蚓的影响下，地表的巨大石块正在连年下沉，古代遗迹也愈发显现出沉没的征兆。

蚯蚓利用肠道分泌的黏液，将土壤聚合成名为"团粒"的小颗粒粪便。于是，土壤里出现了许多小颗粒聚集在一起、彼此间留有空隙的区域，人们称之为"团粒结构"。

大量的空隙使水和空气能够自由流通，形成了非常适宜植物生长的环境。

一个个小颗粒还具有封存水分的功能，因此不用担心土壤会很快干燥。同时，粪便中的枯叶成分还为土壤提供了大量的养分。

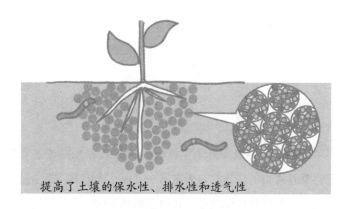

提高了土壤的保水性、排水性和透气性

蚯蚓创造的团粒结构的土壤

◎ 为何要让自己暴露在烈日下

入夏后，经常可以在沥青路面上看到被晒干的蚯蚓。原本生活在地下的蚯蚓，为何要爬到地面上来呢？

原来，蚯蚓的呼吸全要靠皮肤进行，当土壤被烈日烤热后，无法调节体温的蚯蚓就只好拼命爬到地面上来了。除了烈日，一场大雨也可能让蚯蚓现身，大概是因为土壤中充满了含氧量较少的雨水吧，蚯蚓不得不爬到地面上来透气。

22 蝴蝶、蛾子：肉虫和毛虫、蝴蝶和蛾子有什么不同

人们喜欢蝴蝶美丽的图案，也喜欢捉蝴蝶，对蛾子就嗤之以鼻。很多人觉得肉虫可爱，但是看到毛虫就很反感。造成这种不同的原因到底是什么呢？

◎ 毛虫也能变成蝴蝶

小学的科学课本里面有个项目叫"养青虫"，想必很多人都有过用卷心菜养青虫的经历吧。但在另一方面，人们对待毛虫的态度却与青虫（一般指粉蝶的幼虫）和肉虫截然不同。人们讨厌毛虫。

然而，"青虫变蝴蝶，毛虫变蛾子"的说法并不是绝对的。有很多种毛虫也会变成蝴蝶，而且就算是肉虫，也可能长有少量的毛。毛虫与肉虫之间并不存在明确的区别。

◎ 蝴蝶出现在白天，蛾子出现在夜里？

不论是蝴蝶还是蛾子，都长着四枚大大的翅膀。有人说"蝴蝶出现在白天，蛾子出现在夜里"，其实不然。有很多蛾子都是趁着白天和蝴蝶混在一起飞的。

还有一种说法是"好看的是蝴蝶，脏兮兮的是蛾子"，这也是不对的，仔细看的话哪种都很美。

理论上，蝴蝶与蛾子之间并不存在明确的界限。

◎ 不是蝴蝶，就是蛾子

那么，蝴蝶和蛾子的区别究竟是什么呢？

在所有种类的昆虫中，蝴蝶和蛾子同属于"鳞翅目"，是亲戚关系。鳞翅目在日本大约存在 5000 种，其中的 250 种是蝴蝶（中国拥有 2000 多种蝴蝶），其余的全部是蛾子。蛾子的种类如此丰富，如果非要把它们和蝴蝶区分开来，就会发现模棱两可的情况层出不穷。

◎ 成长过程是典型的"完全变态"

一种生物会经历怎样的成长过程，完全由物种决定。

蝴蝶和蛾子的情况是，它们会经历从卵到幼虫、蛹，再到成虫的形态变化。这种情况被称为完全变态。蜜蜂和苍蝇也属于完全变态昆虫。

对于完全变态昆虫来说，每一种形态都有着独立的"目标"。幼虫是"进食"，蛹是"身体大改造"，成虫是"留下后代"。

特别是在蛹的阶段，昆虫会暂时毁掉自己的大部分身体，然后对它进行重塑。这时候，除部分器官外，蛹的内部会变得像糨糊一样。

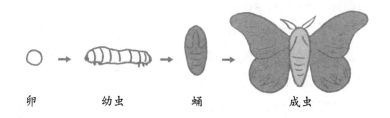

卵　　　　　幼虫　　　　蛹　　　　　　　成虫

蛾子的完全变态过程

◎ 扎人的毛虫

在蝴蝶和蛾子的幼虫阶段，身上长满了毛的被称为毛虫，长很少毛的被称为肉虫。其中，毛虫的数量大约占两成。而在所有毛虫中，会扎人的仅占 2%。

茶毒蛾的幼虫是一种生活在我们身边的毛虫，身上长满了毒针毛，对人类的危害较大。茶毒蛾的幼虫在每年的 4—6 月与 8—9 月繁殖两次，孵化后的幼虫聚集在山茶、茶梅、茶等山茶科植物上，以啃食树叶为生。需要注意的是，茶毒蛾不仅幼虫有毒毛，蛹和成虫，甚至虫卵上也都有毒毛。

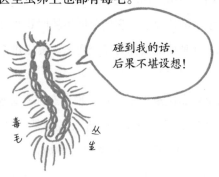

毒针毛并非肉眼可见的体毛，而是直径仅为 0.1 毫米的极细的毒毛。据说一只毛虫身上的毒针毛可多达几十万根。由于针毛表面长有倒钩，刺入后很难拔除。

被毒毛扎到的地方会有火辣辣的痛感，并且会在 2～3 周内持续感到刺痒。毒针毛比较麻烦的一点是，被扎到的瞬间并没有明显痛感，症状是随后出现的。

此外需要注意的是，当我们被毒毛扎到时，毒毛会同时粘在我们的衣服上，而对于那些死于杀虫剂的毛虫，即使喷过杀虫剂，毒毛也仍然会残留在虫子的尸骸上，必须小心。

23 蜻蜓：祖先是史上最大的昆虫

> 蜻蜓不但可以高速飞行，还能做出空中急停和空中悬浮等动作。蜻蜓的祖先早在恐龙出现以前就生活在地球上，而且体形相当庞大。

◎ **从水中到空中**

蜻蜓的幼虫叫水虿。水虿生活在水里，利用能够伸缩的下颚捕食猎物，是一种肉食动物。

等到羽化时，水虿会爬上植物的茎或墙壁，固定身体后完成蜕皮。蜻蜓的成长过程中不包含蛹的阶段，这种改变形态的方式被称为不完全变态。蚂蚱和知了也属于不完全变态的昆虫。

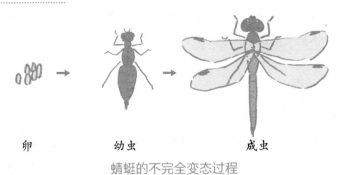

卵　　　　　　幼虫　　　　　　　成虫

蜻蜓的不完全变态过程

◎ **蜻蜓有几只眼睛**

蜻蜓的头大部分被复眼占据。

蜻蜓的复眼由超过 2 万只的小眼聚集在一起，据说视野范围可达 270 度，主要用于识别物体的形状和颜色。

除了这对复眼，蜻蜓头部的正面还长有 3 只单眼，这些单眼具有感光能力。

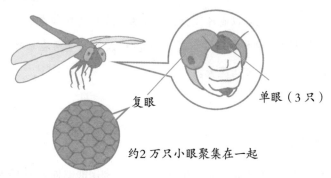

复眼

单眼（3 只）

约 2 万只小眼聚集在一起

◎ 蜻蜓真的会眼花吗

很多人在捉蜻蜓的时候，会用手指在蜻蜓眼前晃来晃去。据说这样做可以使蜻蜓头晕眼花，失去行动能力。实际效果就不得而知了。

的确，像秋赤蜻和夏赤蜻这一类警惕性不高的红蜻蜓，是会配合手指的动作扭动头部的，但那应该是因为视线跟随会动的物体而已，并不是头晕目眩的表现。

◎ 翅膀与肌肉

蜻蜓的身体轻盈，即使是无霸勾①这一类大蜻蜓，也不能说有多少分量。但即使身体再轻，为了在空中飞行也必须先克服重力。

为了让透明轻薄的翅膀具备飞行能力，蜻蜓着实下了一番功

---

① 无霸勾是生息在日本的最大的蜻蜓，成虫的腹长可达到 7 ~ 8 厘米。

夫。首先要解决的是翅膀的强度问题。当水虿羽化时，体液流经幼年期被折叠收纳的小小翅膀，使其舒展开来，变得越发坚硬，翅膀上的翅脉好像铁塔上的三角结构，将翅膀牢固地支撑起来。蜻蜓总共长有 4 枚翅膀，而为了灵活驾驭自己的翅膀，蜻蜓在胸部长出了坚实的肌肉。

◎ 空中悬停技术

如果一个人在游泳池里像挥动翅膀一样上下挥舞双臂，会发生什么？这个人的身体将在反作用力的作用下，在水中上下颠簸。

但是我们知道，蜻蜓虽然也上下振动翅膀，却可以做到静止在空中。在空中静止的状态被称为悬停，蜻蜓巧妙地运用 4 枚翅膀，让悬停成为可能。

具体来说，就是蜻蜓可以分别变换前翅与后翅的动作，使飞行保持稳定。例如，在向下振动前翅的同时向上振动后翅，以此抵消掉相互之间的反作用力。

除此以外，蜻蜓还可以进行许多精细而巧妙的操作，比如垂直地振动前翅，或扭转后翅。

◎ 史上最大的昆虫

史上最大的昆虫是蜻蜓的祖先巨脉蜻蜓。巨脉蜻蜓身长可达 65 厘米，生息在大约 2 亿 9000 万年前的古生代石炭纪末期（此时恐龙尚未出现）。在日本，巨脉蜻蜓也被称为蟑螂蜻蜓。[1]

有研究表明，巨脉蜻蜓并不具备现代蜻蜓拥有的空中悬停技术。

---

[1] 自古生代石炭纪以来，蟑螂的形态就几乎未变。详细内容参见蟑螂的章节。

24 石龙子、草蜥：怎样才能切断自己的尾巴

爬行类动物中离我们最近的就是石龙子和草蜥了。遇到危险时会切断自己的尾巴，而断掉的尾巴以后还能长出来。这两种十分相似的动物，要如何将它们区分开呢？

◎ 爬行类动物的身体表面布满鳞片

目前世界上的爬行类动物主要包括蛇、鳄鱼、龟、壁虎、石龙子和草蜥。[①]说到爬行类的特征，大概就是产卵繁殖、变温动物，还有体表覆盖鳞片吧。

石龙子和草蜥是生活在我们身边的爬行类，它们的体貌略有不同。

草蜥的鳞片形状清晰，但颜色并不艳丽。石龙子的鳞片颜色艳丽，但形状极小且不显眼。幼年石龙子的尾部还带有青色的金属光泽。

说到尾巴，草蜥的尾巴长度夸张，能占到体长的三分之二；石龙子的尾巴就只有半个身子那么长，差距是明显的。

◎ 为何要切断自己的尾巴

这两种生物的另一个共同特征是"断尾"。在遭遇外敌袭击等危及生命的紧要关头时，石龙子和草蜥会主动切断尾巴的前端（称

---

① 和壁虎形态相似的蝾螈是两栖类，在水中生活。

为"自切")。尾巴能被轻易切断，是因为上面长着名为"自切面"的裂缝。

断掉的尾巴尖会在一段时间内自己扭动，当敌人被它吸引注意力时，石龙子和草蜥就趁机逃走了。

切断的部分不会流血，而且通常还会长出来。不过能够再生的仅限肌肉和皮肤，骨骼是无法再生的。另外，关于非自切而断裂的情况，由于不是沿自切面断裂的，无法再生。

◎ 用舌头捕捉气味

如果有机会捕捉到这两种生物的话，可以观察一下它们眨眼时的样子，圆圆的眼睛上面是有长眼睑的。不过它们的闭眼方式有很大不同。草蜥的眼睑是从下方翻上来的，石龙子则是从上下两端向中间闭合。它们虽然没有睫毛，但是闭眼时的形态非常可爱。

它们还时常吐出舌头。吐出舌头是为了捕捉空气中的气味成分，然后利用口腔中的雅克布森器官[①]（犁鼻器）对气味进行分析。

细心观察就会发现，草蜥的舌尖是分成两股的，而石龙子是一整条舌头。

石龙子　　　　　　　　　　草蜥

---

① 人类也有雅克布森器官，但因退化而基本处于无法使用的状态。

◎ 柔软的卵壳

　　石龙子和草蜥的产卵方式有所不同。草蜥将卵产在枯草上以后就不管了；石龙子则是在土里产卵，而且雌性会在卵旁留守一段时间。

　　不同于鸟类的卵，石龙子和草蜥的卵是软壳的，而且外壳会随着里面幼体的成长不断膨胀。过不了多久，和父母形态一样的孩子就破壳而出了。

25 麻雀: 为什么每天早上都要叽叽喳喳

如果说有哪种鸟是生活在我们眼皮底下的, 那就非麻雀莫属了。麻雀体长约 15 厘米, 体重为 20~25 克, 在日本被归为 "标尺鸟"[①], 也就是最基本的鸟类之一。

◎ 最近很少能见到了

最近 20 多年来, 据说麻雀的生息数量减少到了原来的一半。虽然具体的缘由不得而知, 但应该和麻雀的繁殖状态有关。

麻雀习惯将巢搭在建筑物的角落里, 然而这样的角落已经越来越难在现代人的房屋里找到了, 人们推测是这种原因影响了麻雀的繁殖效率。

麻雀虽然自古就栖息在人类身边, 却有着极强的警惕性, 一旦有人类接近便会四散而去。

体形小巧的麻雀拥有许多天敌。乌鸦就是其中之一。头脑机敏的乌鸦不但会直接捕食麻雀, 有时还会袭击巢中尚未发育完全的雏鸟。猫也是麻雀的强敌, 它们不但捉麻雀来吃, 还会仅仅为了娱乐而猎杀麻雀, 令麻雀苦不堪言。

◎ 提防人类却又靠近人类

麻雀的生活是成群结队的, 也是相互照应的, 它们是什么都吃

---

① 标尺鸟, 即用来衡量其他鸟类的体形大小的鸟。除麻雀外, 还有椋鸟、鸽子、乌鸦。

的杂食动物。

当一只麻雀发现了食物，它会首先发出鸣叫召唤同伴。这样做其实是为了增加警惕的眼睛，好让自己能安心进食。麻雀在每年的春夏两季繁殖两次，养育雏鸟时每天要喂食多达约 300 次。麻雀在春天是捕食秧苗害虫的"益鸟"，到了秋天则变成啄食稻谷的"害鸟"。

麻雀明明对人类很警惕却仍要生活在人类身边，据说这也是为了保护自己免受天敌伤害。

◎ 每天早上都是叽叽喳喳

在人们的印象中，麻雀属于那种天一亮就叫个不停的性格活泼的鸟类。

事实上，清晨的鸟鸣是雄鸟为了吸引雌鸟的求偶行为。对于那些进食后体力充沛的个体来说，繁衍是第一要务。换句话说，那些雄鸟不是因为开心才叫的，而是在拼尽全力为自己寻求配偶。

◎ 沾上人类气味的个体会被同伴抛弃

这个说法想必多少有人听说过吧？其实没这回事。不过，就算没这回事也最好不要去触摸离巢期的幼鸟。总的来说，鸟类的嗅觉是不发达的，因此可以认为它们不具备识别人类气味的能力。

26 燕子：最大飞行时速可达 200 千米

> 燕子是代表春天到来的候鸟。它们会利用泥土和稻草在房檐下筑成碗形的巢，之后产下 3~7 枚卵。人们喜爱燕子，将它视为吉祥的象征。

◎ "燕尾服"与"燕返"的由来

燕子的尾羽修长，末端分成两叉，与此相仿的形状叫作燕尾形。燕尾服，顾名思义，就是"酷似燕子尾羽的服装"。这种衣服后身的下摆长长垂下，末端一如燕子的尾羽分成两叉，因此得名。

燕尾形　　　　　　　燕尾服

燕子是鸟类中将飞行能力进化到极致的一种鸟。它们可以以迅猛之势向你飞来，然后在意想不到的瞬间做出 180 度的急速回旋，也可以在巢和墙壁跟前做出空中急停，并顺势停落。遭到天敌追捕时，燕子的最高飞行时速据说可超过 200 千米。它们甚至能捕食飞行中的昆虫，或在掠过水面时饮水。

日本著名剑客佐佐木小次郎在与宫本武藏对决时使用的必杀技

"燕返"，正是因为能使刀锋像燕子一样高速回旋而得名的。

◎ 燕子从哪里归来

燕子每年三四月份来到日本，在屋檐下筑巢，之后于 9 月中旬至 10 月初南归。将日本当作故乡的燕子，越冬地为菲律宾、泰国、马来半岛等东南亚地区。

燕子的天敌是乌鸦，因此挨近人类筑巢的行为被认为是出于自保。人类亲近燕子，是因为燕子是不食谷物只吃害虫的"益鸟"。若不是为了寻找筑巢的材料，燕子基本上是不会降落地面的。

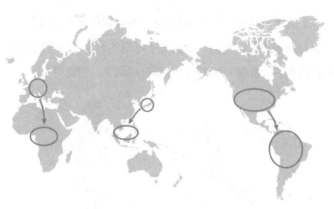

燕子的越冬地

会在春天迎来燕子的并非只有日本，亚洲、欧洲、美国的各地也都能见到它们的身影。不论在哪里，燕子都是在春天前往北方，并在入冬前回到南方。欧洲燕子的越冬地是非洲，北美燕子的越冬地是南美。

有研究表明，在欧洲，尾羽较长的雄性燕子更受雌性欢迎，而在美国和日本，胸前红色更浓的雄性更受欢迎。看来燕子也会受地域影响而表现出不同的特征。

27　蝙蝠：日本也存在吸血蝙蝠吗

> 在人们的印象中，蝙蝠是一种吸血动物，但其实除了南美的吸血蝙蝠，多数蝙蝠都是靠捕食昆虫和水果为生的。蝙蝠在市中心也很常见，它们的排泄物是城市的一大麻烦。

◎ 蝙蝠奇妙的四肢

就体貌特征而言，蝙蝠（在一些地方，蝙蝠也被称为"天鼠"或"飞鼠"）长得有点像老鼠，不过区别也很明显，那就是异常发达的前足（手臂）。从指尖到身体两侧和尾部，蝙蝠身上覆盖着一张完整的皮膜，那是它们的翅膀。蝙蝠虽然能像鸟类那样飞翔，它们的翅膀却不是羽毛的，而是一张皮膜。[①]蝙蝠是唯一一种飞行能力与鸟类相当的哺乳动物。

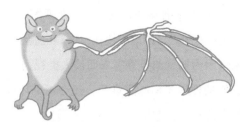

蝙蝠可以发出超声波。不但如此，它们还能接收到遇到障碍物

---

①　在所有哺乳类中，蝙蝠所属的翼手目占四分之一，仅次于老鼠的啮齿目。

后反弹回来的声波，以此来判断自己的方位。蝙蝠之所以能在黑暗中飞行而不撞到任何物体，正是因为超声波。

蝙蝠的后脚也很奇特，特殊构造的五根脚趾使蝙蝠可以牢牢地倒挂在树木和岩壁上。

◎ 蝙蝠的乳房

蝙蝠属于靠乳汁哺育后代的哺乳动物。

每年的 6—8 月间，蝙蝠迎来了生产和育儿的季节。大多数蝙蝠栖息在洞穴或树洞里，每年到了这个时候，雌性蝙蝠就聚集在特定的场所准备生产。

刚出生的小蝙蝠还没有长毛，身上光秃秃的，眼睛看不见，也不会飞。

蝙蝠一般一窝能产下 1～4 只幼崽。乳房长在蝙蝠妈妈的侧腹部，一边各1只。

◎ 定居在人类家中的东亚家蝠[①]

日本总共栖息着 33 种蝙蝠，其中只有东亚家蝠必定会将住处选在人类家里或家的附近，因此即使在市中心也能经常见到它们的身影。东亚家蝠因为捕食蚊子等害虫而被人类视为"益兽"，但在另一方面，它们的便尿不但味道难闻，还会污染环境，使螨虫滋生，也给人类造成了一定危害。

东亚家蝠身材小巧，成年后体长也只有 4.2～5.5 厘米。在日

---

① 东亚家蝠白天躲在栖身处，傍晚过后开始活动。从未见过它们在杳无人烟的山野间出没。

本，北海道以外都是它们的栖息范围。

由于一道 1.5 厘米宽的缝隙便足够东亚家蝠进出，它们通常会将建筑物的缝隙选作栖息场所，例如房瓦下面、墙壁与护墙板之间、天花板和换气口里。

东亚家蝠有冬眠的习性，11 月中旬到 3 月中旬是它们的冬眠期。

28 兔子：为什么要吃自己的粪便

兔子温顺又可爱，作为宠物很受欢迎。兔子的耳朵可以准确感知从任何方向及位置传来的声音。由于繁殖力强，消灭兔子曾一度成为澳大利亚的头等大事。

◎ 兔子发不出声音

兔子无法用和我们一样的方式发声，因此它们不得不用其他方式和同伴交流。

例如，当一只野生的兔子察觉到天敌来袭时，会做出用后脚蹬地的动作。这一动作在它们感到不快时也会做出。

兔子的天敌主要是狐狸和猛禽。

◎ 举国之力，围剿兔子

澳大利亚的兔子问题远近闻名。原本作为人们狩猎活动的目标被带到这片广袤土地上的 24 只兔子，转眼间数量暴增，一度达到了 8 亿只。[①]对于原本没有兔子，却牧养着大量绵羊的澳大利亚来说，兔子的过度繁殖造成了不堪设想的后果：绵羊和兔子在食物问题上形成了竞争。

---

① 1859 年由英国殖民者带来的兔子所引发的"兔子成灾"事件。澳大利亚干燥的环境和缺少兔子的天敌是这起事件的主要成因。在欧美国家，狩猎兔子被视为一项传统的运动。

兔子的繁殖能力势不可当。由于不存在发情期，每次交尾都会促使雌兔排卵，因此它们随时可以繁育后代。

澳大利亚人想尽办法对兔子展开围剿，但屡试屡败，最终，人类不得不利用一种名为"兔黏液瘤病"的只有兔子会得的传染病，通过散布病毒驱逐兔子。尽管这种疾病的致死率极高，却不足以将兔子赶尽杀绝，澳大利亚的兔子问题至今没有解决。

如今，这起事件已成为警醒人们不要随便引入外来物种的经典案例。

◎ 为什么要吃自己的粪便

说到兔子的粪便，任谁都会想到那种小球状的东西吧。但其实还有一种黏液状的粪便，而且这种黏液状的粪便会被兔子自己吃掉。这种粪便叫"盲肠便"。

兔子作为草食动物，拥有发达的盲肠，里面生存着大量有着共生关系的微生物。当难以消化的纤维素等物质进入盲肠，微生物就会通过发酵使其分解。

兔子属于利用盲肠分解纤维素（植物的细胞壁和食物纤维）的后肠发酵动物。分解纤维素可以获得氨基酸、脂肪酸、维生素等营养物质。

问题在于，盲肠是连着结肠的，这些好不容易才消化的物质现在终于可以被吸收了，却已经到了不得不排出体外的地步。这便是兔子食粪的原因

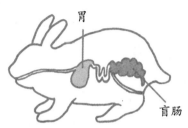

兔子的盲肠比胃还大

◎ "高大上"的耳朵为何而生

在日语中，与兔子相对应的量词是"羽"，据说这是因为兔子的耳朵看起来像翅膀一样。兔子的耳朵看起来的确很"高大上"，那么这样的耳朵究竟拥有怎样的能力呢？

大大的耳朵可以辨别从所有方向传来的声音。兔子可以让两只耳朵分别朝向不同的方位，以此来准确把握声音的来处。兔子还可以听见人类听不见的超高音域的声音。

兔子的耳朵还兼具了类似散热器的体温调节功能。兔子天生汗腺较少，不容易出汗，调节体温需要靠耳朵来实现。它们的耳朵上布满了毛细血管，因此可以通过给血液降温的方式为身体降温。

29 椋鸟: 为何要群集在车站前

> 我们看到椋鸟时，它们要么驻足在街道两旁的树木和电线上，要么成百上千地飞翔在空中。它们是人类城市的"常住民"，然而鸟粪的恶臭和吵闹的叫声又让人类头疼不已。

◎ 群居在栖身处

椋鸟全长 24 厘米左右，个头比麻雀大，比鸽子小。它们全身呈褐色，头部为黑色，喙和脚为橙色，飞行时腰部的白色斑点十分显眼。可以发出各种各样的声音是它们的一大特征。

腹部有白色斑点

椋鸟成群地生活在九州以北的河滩、田地、矮草地等开放环境里。

椋鸟之所以叫椋鸟，是因为它们会食取椋树的果实。其实它们是杂食动物，昆虫、蚯蚓、水果、树子都是它们的食物。

爱吃昆虫的习性使椋鸟成了保护庄稼的益鸟，然而它们对柿子和无花果等果实也有兴趣，因此偶尔也会危害果园。

◎ 群集在市中心的车站前

椋鸟的繁殖期为春夏两季。进入繁殖期的椋鸟会在树洞或家屋的墙缝里筑巢①，繁殖期结束后，椋鸟又回归群体生活，一到晚上就在栖身处集合。

特别是在冬天，一个栖身处有时候可以挤下几万只椋鸟。

椋鸟也曾生活在山上的树林和竹林里，但是随着与人类亲近，它们把家迁进了城市，因为有人类的地方很少有椋鸟的天敌。②

近年来，由椋鸟造成的危害越发严重。除了破坏农作物和水产品，城市里的椋鸟还会聚集在车站前和道路两旁的树上，制造臭气熏天的鸟粪和吵闹的噪声。

还以为是树叶呢，原来全是鸟！

因为是一大群生活在一起，椋鸟栖息的树下总是鸟粪遍地。另外，椋鸟在睡前有持续集体鸣叫的习性，这已经造成严重的噪声问题。

---

① 椋鸟在家中筑的巢会成为螨虫的温床，因此需要拉网阻止它们，或请人来移除已经筑好的巢。
② 椋鸟的天敌是以鹰为首的猛禽类，以及蛇和猫科动物。

30 鸽子：为什么信鸽可以送信

> 鸽子走起路来脖子一探一探的，这是为了让周围的景物
> 看起来更稳定，打个比方的话，就是"取景的防抖动功能"。

◎ 有自己粪便的地方最安全

那些在公园里一见到食物就飞过来的鸽子，就是我们通常所说的土鸽子（原鸽）。

鸽子以树子、树芽等植物类食物为主，不过它们也捕食昆虫。鸽子总是成群行动，而且和人类非常亲近。由于城市里的鸽子越来越多，大量的鸽子粪开始对人类构成危害。

在公园里经常能看到有人被一群鸽子团团围住。其实鸽子不是对任何人都这样，它们是从远处就认出了那些经常投食的人，所以才围了上去。

鸽子是一种食欲旺盛的动物，因此排出的粪便也多过其他鸟类。有时候，鸽子会认定有自己粪便的地方就是安全的，于是把巢筑在那里，并在那里繁育后代。

鸽子每年繁殖 5~6 次。城市里没有猛禽，它们的天敌只剩下乌鸦和猫，因此相对容易繁育。鸽子蛋比鹌鹑蛋略大。

鸽子粪不但会传播疾病，还会滋生螨虫，引起人类的过敏反应，因此必须时常清扫，保持环境卫生。

◎ 雄性也能哺乳

不同于其他鸟类，鸽子有一套自己的育雏方法。它们不会喂给雏鸟昆虫，而是用一种名叫"鸽乳"的乳汁取而代之。

鸽乳是一种嗉囊乳，是在名叫嗉囊的消化器官（暂时保存所吞下食物的器官）里形成的。因此不光是雌鸽，雄鸽也能产生鸽乳，所以双方都能哺育后代。

鸽乳富含蛋白质与脂肪，营养价值极高。大概就是因为鸽乳吧，小鸽子总是长得很快，发育速度明显超过其他鸟类。雏鸟破壳以后，只需要大约 20 天就可以离巢了。

◎ 发挥高超归巢本能的"信鸽"

鸽子天生具有优秀的归巢本能与飞行能力，自古以来就以信使的身份，担负着重要的通信职能。

即使相距 1000 千米，鸽子也能在短短两天内归巢。至于鸽子为何具有这样的能力，至今仍无法彻底阐明（现实中对信鸽的使用一般不超过 200 千米）。

虽然现代人已经不再利用信鸽送信了，但是在信鸽比赛①或节日中放飞信鸽时，人们仍然期待它们能够发挥归巢本能找回自己的家。

---

① 比赛会根据每只鸽子的归巢距离和所需时间，计算出每分钟的平均速度。速度最快的鸽子取胜。

31 乌鸦：是乱翻垃圾的捣蛋鬼，还是代表 吉兆的"神鸟"

> 为了不让乌鸦乱翻垃圾，人们在回收站里支起了大网，并且改为只在晚间回收垃圾。如今，大城市里的乌鸦数量减少了许多，但这改变不了它们头脑机敏的事实，乌鸦无时无刻不在学习新的招数。

◎ 城市里从来不缺落脚点和食物

日本常见的乌鸦是大嘴乌鸦和小嘴乌鸦。中国以秃鼻乌鸦、达乌里寒鸦、大嘴乌鸦较为常见。

大嘴乌鸦在英语里叫"jungle crow"，这是因为它们原本栖息在森林里。大嘴乌鸦的喙又长又大，弯曲呈拱形。它们的另一个特征是高高隆起的额头。

和大嘴乌鸦不同，小嘴乌鸦更喜欢草原、河川等视野开阔的地方，它们的喙是直的，额头也相对平坦。

在城市里，乌鸦的主要食物来源是人类丢弃的垃圾。小型鸟类的蛋和雏鸟也是乌鸦喜欢的，近年来在城市里变得常见的栗耳鹎和山斑鸠，就是因为乌鸦的骚扰而时常无法顺利筑巢。大嘴乌鸦中的一些强大个体，甚至会将小猫视为捕食目标。

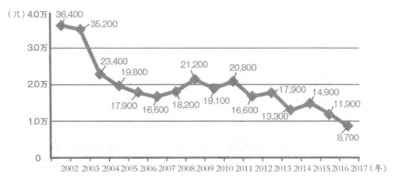

数据来源：日本东京都环境局网站主页

日本东京乌鸦栖息数量变化图

◎ 足智多谋的乌鸦

乌鸦据说是所有鸟类中智力最发达的，它们的同伴之间可以用语言交流，进而在行动中相互配合。

乌鸦的足智多谋是出了名的。例如，它们会将贝类和胡桃从空中抛下，在路面上摔碎后取食里面的东西。小嘴乌鸦还会故意将胡桃丢在马路上让车辆碾压。这些技能一旦被证明有用，其他乌鸦便可以通过学习将其掌握。在不断的观察与模仿中，最初只属于特定地域的乌鸦的技能渐渐普及开来。

在养育孩子的问题上，乌鸦夫妇也是协作完成的。

乌鸦的繁殖期在春夏两季。进入繁育状态的乌鸦变得具有攻击性，即使袭击了接近鸟巢的人类也不稀奇。

◎ 吉兆之鸟"八咫①鸟"

如今不怎么讨人喜欢的乌鸦，在日本古时候不但被视为运送灵魂的灵鸟，还是预示吉兆之鸟。

尤其在日本神话中，乌鸦（八咫鸟）作为将神武天皇引领至大和之国的"引路神"被人们信奉，并拥有"太阳神的化身"之称。至于为何神话中的乌鸦长了 3 条腿，民间众说纷纭，却没有定论。

在唐代以前，乌鸦在中国民俗文化中是有吉祥和预言作用的神鸟，在唐代以后方有乌鸦主凶兆的说法出现。

---

① 咫为古代丈量单位，八咫即"很大"的意思。

32 狸（貉）：因为胆小所以很会装死

在民间故事和神话中，狸被认为是一种会"骗人"的动物。人们常用"狸打盹"来形容装睡，这和狸的习性有着怎样的关系呢？

◎ 日本的两种狸

日本有两种狸：土狸和虾夷狸。

虾夷狸的腿相对长一些，体毛更厚实，下层的绒毛更多，而且因为毛更长，看上去要大一圈。

狸的体形又矮又胖，长着粗大的尾巴。它们的环境适应力强，在各种地方都能生存。在日本，狸大多栖息在各地的矮山里，不过在有人烟的地方和城市里也能见到它们。狸是夜行动物，主要在夜晚活动，白天则在树洞和岩洞里休息。

在饮食方面，狸属杂食性，喜欢吃各种老鼠、蛇、青蛙、鱼、螃蟹和水果，偶尔也翻找人类的残羹剩饭。

◎ 突然受到惊吓会装死

"你这家伙像狸一样"，这种说法常用来形容一个人"爱说谎"。可是，为什么狸会被说成是一种喜欢骗人的动物呢？

原因是狸非常胆小，当突然受到惊吓时，则会暂时进入假死状态。

比如，当有猎人向狸开枪时，子弹明明没有打中，狸却跟死了似的一动不动。这时候，狸的大脑有一部分是清醒的，并没有彻底晕过去，过一会儿缓过神来，就逃走了。

这种假死状态就是所谓的"狸打盹"。猎人们大概就是出于这种经验，才把狸想象成了一种喜欢骗人的动物。

从体形上讲，狸既不擅长攻击，也不适合逃跑。也许正是这样的劣势，使狸在长年的生存竞争中掌握了"装死"的本领。

◎ 经常与獾弄混

在古时的记录中，人们经常会把狸与体形同样矮胖的另一种动物獾弄混。

狸的毛皮可以做成围脖和大衣，但为了保护动物，我们要拒绝使用动物皮毛。狸的毛是制作毛笔的原料。

Column

专栏2　生物的五大类群

　　什么是生物？生物有哪些特征？生物需要呼吸，需要摄入养分（或制造养分）；生物会成长，会留下后代（增加数量）；生物由细胞构成。具有上述特征的就是生物。

　　在过去，生物被笼统地分为动物和植物两大类。动物从其他生物或其他生物的尸骸摄取养分，植物利用光合作用自己制造养分。

　　但是这样一来，诸如霉菌和蘑菇这些不能像动物那样活动身体的生物，就会被归为植物的同胞——曾经有一个时期确实是这样分类的。不过，由于它们不含有叶绿素，而且过着寄生生活，现在已被和植物区分开，统一被纳入了真菌类。

　　如今在学校的科学教材里，生物被分为动物、植物、真菌、原生生物和原核生物（细菌、蓝藻等）五大类。原生生物是一个相当庞大的类群，它包含了阿米巴虫、草履虫、绿虫藻、硅藻等微小的单细胞生物，以及一些结构简单的多细胞藻类，如海带和昆布。

　　动物、植物、真菌、原生生物的细胞核中存在着被核膜包裹的细胞核及线粒体等，这样的细胞被称为真核细胞。

　　与真核细胞相对应的是原核细胞。原核细胞中没有以核膜为界的细胞核，DNA裸露在细胞质中。原核细胞的个头一般比真核细胞小得多。由原核细胞构成的生物被称为原核生物，包括细菌、蓝藻，以及它们的同类。

大多数情况下，生物就是像这样被分成动物、植物、真菌、原生生物和原核生物这五大类群的。

　　此外，病毒由于并非由细胞构成，严格来讲不属于生物，不过它们可以通过感染其他细胞来完成自我复制。

第三章

田野、牧场里的生物

33 蚂蚱、蝈蝈、蟋蟀、金蛉子：鸣虫的"耳朵"长在哪里

> 特别会叫的这四种昆虫，为了搞清楚自己叫得好不好听，一定长了"耳朵"吧。它们究竟是用哪里听声音呢？

◎ 寻找鸣虫的耳朵

这些昆虫之所以会叫，是因为雄性需要通过摩擦翅膀发出声音来呼唤雌性。换句话说，只有雄性长着"会叫的翅膀"。

乍看之下，它们的身体上哪里也没有耳朵，但其实它们是有听觉器官的。蚂蚱的听觉器官长在胸腹之间，蝈蝈、蟋蟀和金蛉子的长在前腿上。

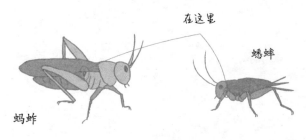

蚂蚱和蟋蟀耳朵的位置

◎ 凶猛的蝈蝈

　　对比几种鸣虫的外形可以发现，蝈蝈的后腿明显要长出许多。就因为这两条长腿，蝈蝈的蜕皮过程要比其他鸣虫困难。蟋蟀和蚂蚱可以在平地上蜕皮，但蝈蝈不行，它们得把自己挂在草叶等物体上才能蜕皮。

　　蝈蝈的前腿上长着许多巨大的倒钩，这些倒钩可以让蝈蝈更好地抓住猎物，是它们强烈的食肉倾向的象征。蝈蝈的攻击性强，有时甚至同类相食。被它们咬到会很疼，我们要小心。

蝈蝈

　　蚂蚱和蝈蝈由于需要抓住草叶，腿上不仅长了爪子，还生有发达的吸盘。有了吸盘，蚂蚱和蝈蝈就可以在垂直的物体上停留或攀爬了。

　　另外我们还能看到，蝈蝈的触角比其他鸣虫的更长。

　　雌性的蝈蝈和蟋蟀身上长着长长的产卵管，产卵时会将产卵管插入土中。同样是在土里产卵，蚂蚱则是将尾部扎进土里。

◎ 金蛉子的叫声为何在电话里听不见

　　每到夏末，听着金蛉子的叫声感受秋天将至，别有一番雅兴。自古以来，日本人就对金蛉子情有独钟，民歌中经常出现描写它们的词句。[1]

雄虫的前翅是它们的发声器官，翅脉扭曲呈褶皱状，整体为宽大的椭圆形。相比之下，雌虫的翅脉笔直工整，看上去也更纤细。雌虫的尾部长着长长的产卵管，因此一眼就能将它们和雄虫区分开。

与蚂蚱和蟋蟀不同，金蛉子只在地面上爬行，几乎从不跳跃。

金蛉子的叫声在电话里是听不见的。这是因为它的叫声的频率太高（约4500赫兹），超过了便携电话的捕捉范围（300～3400赫兹）。

金蛉子

事实上，蟋蟀和蝈蝈的叫声同样频率很高，在电话另一头也是听不见的。

下面总结了几种鸣虫的生息时期和生息场所。蝈蝈真的很长寿呢。

生息时期及主要的生息场所

蚂 蚱：6—11 月，草原
蝈 蝈：3—11 月，向阳的草地
蟋 蟀：7—11 月，田地、杂木林、河滩、城市
金蛉子：6—10 月，草原

---

[1] 古时曾与另一种鸣虫金琵琶混淆。金琵琶对生育环境的要求较高，如今已很难在城市里听到它们的声音。

34 螳螂：雌性为何要在交配时吃掉雄性

> 螳螂虽然在力量上比不过独角仙和锹形虫，但作为捕食者的本领是超一流的。螳螂甚至能捕食比自己体形还大的昆虫和动物。

◎ 活吃昆虫的捕食者

螳螂擅长利用自己的保护色[1]伺机而动，待猎物接近后伸出镰刀状的前足将其逮住，然后，它们会将活生生的猎物直接送到嘴边，毫不介意地大口咀嚼。进食后，螳螂会用嘴除净前足上的食物残渣，表现出洁癖的一面。螳螂不仅对猎物下手速度极快，在食物短缺的情况下对同类亦不会手软，它们是不拒绝同类相食的猎手。

例如在交配的时候，雌螳螂就有可能将雄螳螂吃掉。理由据说是雌螳螂需要更多的蛋白质来产卵。还有一种说法是，雄螳螂为了确保交配成功，主动将自己献给了雌螳螂。

雌螳螂的食欲旺盛，有时候甚至会袭击蛇类，或捕捉胡蜂来吃。

不过在面对两栖类、爬行类和鸟类时，螳螂就只能束手就擒了。另外，蚂蚁也是螳螂的克星，蚂蚁的群体攻击是螳螂无法招架的。

---

[1] 即使是同一种螳螂，也有最常见的绿色和茶色之分。螳螂的体色似乎是由生存环境决定的。

另一种会威胁到螳螂生命的生物是寄生在它们体内的铁线虫。

铁线虫是一种水生生物，其幼虫会被同为水生生物的蜉蝣和石蛾的幼虫捕食。当螳螂捕食了蜉蝣和石蛾的成虫后，铁线虫随之进入螳螂体内，随后在其肚子里长成成虫。之后，铁线虫会操控螳螂的大脑，命令其溺死在水中，然后铁线虫就可以破膛而出，繁衍下一代了。

◎ 永远在盯着这边看

仔细观察螳螂的复眼，会发现上面有个黑点，好像一直在盯着这边看。但其实螳螂是没有瞳孔的，那个看似朝向这边的黑点叫作"伪瞳孔"。

昆虫的眼睛分为复眼和单眼，而螳螂同时具有这两者。复眼是由许多小眼聚集在一起形成的，伪瞳孔被认为是复眼的一部分。螳螂的 3 只单眼长在两只复眼之间，用于感光。螳螂能够在夜间活动，就是借助了单眼的功能。

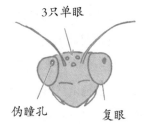

3 只单眼

伪瞳孔　　　复眼

◎ 螳螂能够预知积雪量吗

螳螂每年 10 月产卵，翌年 4—5 月孵化。

螳螂在产卵时会产下海绵状的、具有保温功能的卵块。有个著名的理论认为，卵块距离地面的高度，即是当年冬天积雪的高度，螳螂是为了卵块不被积雪埋没，才把卵产在高处的。

但是经科学验证，这种说法被证明是错误的。如果卵真的是因为被雪埋没而死去的，那么螳螂为何不把卵产在更高的地方呢？就是这个道理。

35 独角仙、锹形虫：为什么能在短短 2 个小时内长出角

> 一到暑假，孩子们就纷纷把独角仙和锹形虫捉回家饲养。它们实在太有魅力了，特别是那只挺拔的角和那对强有力的下颚。它们几乎看不见东西，也没有鼻子，触角取而代之成了它们的感觉器官。

◎ 2 个小时长出角的秘密

独角仙的角挺拔有力，利用这只角，独角仙可以拖动 20 倍于自己体重的物体。

独角仙的幼虫是一只肉虫，而由这只肉虫化成的蛹，在蜕变时竟然只用 2 个小时就长出了挺拔的角。为什么能在短时间里长出这么棒的角呢？最近，人们终于揭开了其中的奥秘。[①]

可以肯定的是，角是不可能通过细胞分裂或细胞移动形成的。

事实上，幼虫体内存在着一种名叫"角原基"的、像折叠起来的袋子一样皱皱巴巴的组织，当组织液流过角原基，独角仙的角就像吹气球似的被撑了起来。

[①] 这个长久以来谜一般的机制，在 2017 年被日本名古屋大学的研究团队解开了。据推测，各种外骨骼动物也是利用类似的方法来塑造形形色色的外壳的。这一推测有望在今后的研究中得到证实。

◎ 触角寻找树液

独角仙和锹形虫靠吸食栎树的树液为生。

那么，视力很差又没有鼻子的这两种昆虫，究竟是用什么方法找到甘甜的树液呢？

原来，它们是通过张开触角上的"感觉孔"来寻找树干上流出树液的地方的。雄虫在捕捉雌虫的气味时，同样是利用这对触角。触角就相当于它们的眼睛和鼻子。

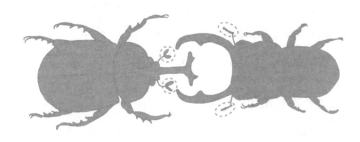

独角仙和锹形虫的触角

树干上的树液好像林中餐厅，引得众多昆虫竞相来享用美味。在这里，独角仙和锹形虫如果遇到同类，就会马上展开一场"优质地产争夺战"。经过一番激烈的争斗，被掀飞的一方只好放弃这块宝地。

理所当然地，雌虫并不拥有挺拔的角和强大的下颚，它们很少进行无意义的争斗，而是致力于与优秀的雄虫交尾并产下后代。

◎ 因为太受欢迎而令人担忧

会因为太受欢迎而令人担忧的，必然是过度采集的问题。人们不但采集成虫，连幼虫也不放过：通过投喂高营养饲料来比赛谁的

108

虫儿养得更大，这种游戏曾风靡日本。大自然是直接的受害者。人们为了寻找更大的个体而进入山林，甚至不惜砍伐树木也要找出幼虫，这种行为无疑加速了对环境的破坏。

另一个令人担忧的问题是，随着日本对海外独角仙和锹形虫品种的输入解禁，海外品种与本土品种的杂交可能使事态更加严峻。另一方面，前几年（2018 年 1 月 15 日）已有 10 个锹形虫品种被纳入了外来生物法的管理范围（详见下文）。

一旦被指定为特定外来物种，以贩卖为目的的输入、作为宠物买卖，以及放生等行为将被全面禁止。不过正在饲养的生物仍然可以继续饲养，请对它们负责到底吧。

特定外来物种

（锹甲科>圆翅锹甲属）
1. 小黑新锹甲
2. 巴新锹甲
3. 红巨新锹甲
4. *Neolucanus katsuraorum*（前田氏圆翅锹甲越南亚种）
5. 前田氏圆翅锹甲
6. 大新锹甲
7. 刀颚新锹甲
8. *Neolucanus saundersii*
9. 泰纳新锹甲
10. *Neolucanus waterhousei*

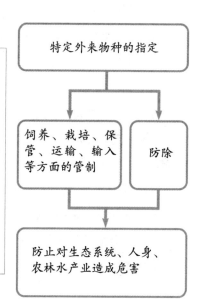

36 日本树莺：为什么树莺被认为是黄绿色的

当梅花盛开时，村子附近传来了"呼——呼咯啾"的叫声，那是人们喜爱的树莺在宣告春天的到来。以树莺羽毛的颜色命名的"树莺色"，到底是什么颜色呢？

◎ 树莺色并不是黄绿色

树莺属雀形目，莺科，个头和麻雀差不多大。树莺以美妙的叫声为人们所熟悉，是日本的"三鸣鸟"①之一。它还有个别称叫告春鸟。

话说回来，当人们听到"树莺色"的时候，第一反应是那是什么颜色呢？大多数人想到的是黄绿色，但其实树莺色是一种比想象中朴素得多的颜色。

树莺不论雌雄，背后都是带褐色的绿色（在绿色中混合了茶色与黑色，所以较之绿色更接近茶色），腹部为白色。

树莺色会被误解成黄绿色或淡绿色，是因为树莺生活在竹林中，很少能见到它们的身影。再有，就是因为树莺鸣叫的季节也是

---

① 除树莺外，还有琉璃鸟和知更鸟。日本树莺在中国分布在黑龙江（小兴安岭）、吉林（长白山）、辽宁（丹东）、陕西（南部太白山）、甘肃（东南部、武山南部）、山西（永济、沁水）、云南、河北、河南（罗山）等地方。

暗绿绣眼鸟经常出没的时候，从前的人把它们搞混了。[1]

◎ "呼——呼咯啾"是雄鸟的领地宣言

早春时节，树莺用美丽的歌喉鸣唱着"呼——呼咯啾"。在这句歌词中，"呼"是吸气，"呼咯啾"是吐气，也就是先深吸一口气，然后将满腔的气息唱出来。

等树莺练好嗓子的时候，春色浓了，从平地到高山上，竹林里到处是树莺的新巢。

雄鸟鸣唱着"呼——呼咯啾"，向其他同性宣示领地的主权，这同时也是在暗示雌鸟："这块地我已经占好了，可以开始繁育了！"

人们通常认为，"呼——呼咯啾"是属于早春的叫声，但其实从初春到盛夏一直都能够听到。

虽然最初的歌声略显青涩，等到树莺可以在村子里完美唱出"呼——呼咯啾"的时候，它们就随着渐浓的春色返回山林，筑起了新巢。

说到树莺的叫声，"呼——呼咯啾"是繁殖期雄性的叫法，而在一年当中的其他时候，树莺不论雌雄也是可以"正常说话"的。"喳、喳"[2]是它们平时的叫声。

◎ "树莺粪"是一种护肤品

女性都希望拥有白皙光滑的皮肤，其实自古以来就存在着

---

[1] 将豌豆炒熟后磨成的粉叫"树莺粉"，用它做成的饼叫"树莺饼"，但不论是粉还是饼，都是淡绿色的，并非树莺原本的颜色。

[2] 有别于繁殖期的"啼鸣"，这是树莺之间传达信息的叫声。

一种在女性间口口相传、深入人心的"洗面奶"，那就是"树莺粪"。这种护肤品在日本江户时代的歌舞伎演员与游女之间备受推崇，后来随着现代化学化妆品的普及而使用的人越来越少。不过，这种纯天然的化妆品至今也在被小范围地使用着。

一如上文提到的，这种近现代护肤品的原料是树莺粪，但实际上，由于树莺难以大规模饲养，所谓的树莺粪其实是另一种名叫相思鸟（以能吃能拉而闻名）的粪便。制作方法是把鸟粪放在太阳下晒干，经紫外线消毒后再碾成粉末。使用时，把粉末当添加剂混合在其他化妆品里就可以了。只要化妆品的香味够浓，就不会闻到鸟粪的味道。

其实不只是树莺，所有动物吃下去的淀粉、蛋白质和脂肪，都是在消化道中的各种酵素的作用下，先被消化分解成小分子，然后再被身体吸收的。

从这个角度讲，利用鸟粪中的酵素去除面部角质的做法是不无道理的。

【小知识】

树莺被日本茨城县的许多城市指定为"市鸟"。

由于县内栖息着许多树莺，这些树莺又容易与居民亲近，目前已有三分之一的市将树莺定为了市鸟（截至 2017 年 4 月 1 日）。

37 蛇：为什么能将巨大的猎物整个吞下

> 圆溜溜的眼睛和温厚的性格是蛇的魅力所在，如今饲养蛇的人越来越多。但在另一方面，蛇毒和蛇吞食猎物的样子，又使蛇成了人们畏惧的对象。

◎ 蛇为什么没有脚

蛇的祖先是蜥蜴的同类。不难想象，这种祖先蜥蜴长了圆筒形的身体和四条短腿。

在 1 亿 3000 万年前至 2000 万年前，遭到大型爬行类、原始哺乳类和鸟类捕食的一群蜥蜴逃进了地下和岩石的缝隙，并在那里存活了下来，它们的腿渐渐退化，变成了蛇的样子。

如今，蛇的眼睛上长着一层透明的，好似护目镜的保护膜，这层膜正是为了使蛇在地下移动时不被刮伤眼球而进化出来的。

蛇虽然没有脚，但其腹部长有名叫"腹板"的长方形鳞片，蛇就是利用它抓住地面，然后通过收缩肌肉向前爬行的。具体来说，蛇会利用腹板钩住地面上的凸起，然后通过扭动身体的其他部分实现波状运动（蛇行运动）。

◎ 怎样才能吞下比自己还大的猎物

蛇可以吞下比自己大得多的动物。有人曾目击到蛇吞食鳄鱼和山羊的场面。

这是因为蛇的上下颌骨之间的连接相对松弛，颌骨可以自由活动，所以可以把嘴张得很大。

蛇的牙尖利且向后弯曲，猎物一旦被咬住便无法挣脱，只能随着颌骨的运动被挤压向深处。

韧带

连接上下颌的两根骨头

蛇的颌骨

蛇体内的骨骼结构也很有特点，那就是没有胸骨。以人类为例，胸骨的作用是固定肋骨。蛇没有胸骨，所以在吞食大型猎物时，肋骨会柔软地向两侧张开。

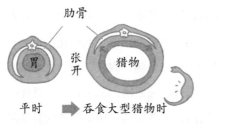

肋骨

张开

胃

猎物

平时 ➡ 吞食大型猎物时

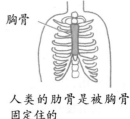

胸骨

人类的肋骨是被胸骨固定住的

◎ 盘成一团是为了防御

如果蛇决定待在一个地方不动了，就会把自己盘成一团。因为如果将身体舒展开，很可能会在毫无防备的情况下遭到鹰和雕的袭击。

不同于长满坚硬鳞片的后背，蛇柔软的腹部不堪一击，于是它们只好盘成一团，把腹部隐藏起来。

◎ 栖息在日本的毒蛇

除海蛇外，栖息在日本的毒蛇有日本蝮蛇、原矛头蝮蛇和虎斑游蛇。

日本蝮蛇伤人最多。这种蛇栖息在水边和茂密的草丛里。据推测，每年约有 3000 人被日本蝮蛇咬伤。①

被日本蝮蛇咬伤的地方不但会出血、疼痛、肿胀，伤者还会出现急性肾功能不全和呼吸障碍等症状。被毒蛇咬伤后，应勒紧伤口旁边靠近心脏的一侧，并尽快就医。

日本蝮蛇

---

① 日本蝮蛇的毒性虽然强过原矛头蝮蛇，但其体形较小，毒量也相对要少，迅速就医后少有病情恶化的案例。

38 家鸡：禽流感疫苗是用鸡蛋做成的吗

"家鸡"在日语里的意思是"院子里的鸟"，因为过去，人们把鸡养在一进门的空地上。如今，全世界的养鸡量据推测已达到 160 亿只。

◎ 公鸡靠什么吸引母鸡

家鸡的原种是分布在东南亚地区的原鸡。

每年春季是原鸡的繁殖期，雌性产卵后在巢中抱卵（孵蛋）。原鸡一次可产下 4～6 枚卵，每年产卵大约 20 枚。原鸡在日本的许多动物园中都可以见到。

原鸡是会飞的。雄性原鸡长着鲜艳的羽毛，脸部裸皮，呈粉红色。原鸡头顶有鲜红的鸡冠，喉咙两侧有一对肉垂。

鸡冠

肉垂

原鸡

雄性的鸡冠和肉垂明显大于雌性的，据说雄性就是靠它们来赢取雌性关注的。相比雄性，雌性体形小巧，尾巴也要短一些，且颜色较为暗淡。

如果听到雄鸡发出"叽咯叽、叽——"的叫声，那是它们在强调自己在鸡群中的地位。由地位高的雄性先发声，依序鸣叫。

◎ 从东南亚走向世界

人类根据自己的需求，将原鸡培育成了"蛋用型鸡"和"肉用型鸡"。全世界饲养的鸡，都是人工育种后的品种。

白来航鸡作为蛋用品种，每年可产卵 230~280 枚。这种鸡已不具备原鸡具有的抱卵（孵蛋）功能，因此无法自己孵蛋，所有的蛋在孵化时都需要借助电子孵化器。白来航鸡每天摄入大约 100 克饲料后，可产下 1 枚 60 克的卵。

即使不经过交尾，白来航鸡也可以以每 25 小时 1 枚的频率产卵。市面上的绝大多数鸡蛋，都是未经过交尾的无精卵。

◎ 破壳后两个月就能上市

专门以食用目的饲养的青年鸡，就是所谓的"肉鸡"（broiler）①了。肉鸡的成长速度快，摄入约 2 千克饲料后，可增加体重约 1 千克，在孵化后的第 8~9 周（两个月多一点）即可上市。

❶ 鸡脖　　❻ 鸡小胸
❷ 翅尖　　❼ 鸡腿
❸ 翅中　　❽ 软骨
❹ 翅根　　❾ 鸡屁股
❺ 鸡大胸

① broiler 原指整只烧烤用的雏鸡，现指肉用青年鸡。巴西是世界上最大的肉鸡生产国，其最大的出口国为日本。

经过彻底的品种改良，人类实现了肉鸡的大规模生产。在市场销售的大部分食用鸡肉，都来自肉鸡。

◎ 用鸡蛋培养疫苗

2017 年冬天，禽流感疫苗不足的问题曾（在日本）引起不小的风波。说起来，你们知道这种疫苗是怎么生产出来的吗？

禽流感的疫苗其实是利用鸡的受精卵（发育中的鸡蛋）做成的。之所以使用鸡蛋，是因为在鸡蛋中，我们可以稳定地培养出大量制作疫苗所需的病毒。人们会用病毒去感染鸡蛋的活细胞，以这种方式令病毒增殖。

不过，这种方法也并非完美无缺。首先，用鸡蛋培养病毒非常耗时；其次，一枚鸡蛋能够制造的病毒数量也很有限。

因此，如果要在短时间内生产大量疫苗，无论如何都会存在产量瓶颈。截至 2018 年，利用基因重组制作疫苗已进入实用化阶段。

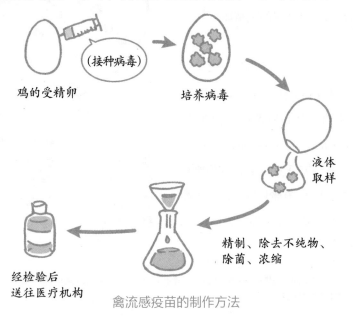

鸡的受精卵　（接种病毒）　培养病毒

液体取样

精制、除去不纯物、除菌、浓缩

经检验后送往医疗机构

禽流感疫苗的制作方法

39 浣熊：很可爱，但是不能摸

可爱的浣熊曾是叫座的动画明星，也是风靡一时的宠物，而如今它们是遭人驱除的"社会问题"。为什么会这样呢？

◎ 严禁饲养、输入和贩卖

浣熊是一种原产于北美大陆的哺乳动物。但是现在，浣熊不仅被带到了日本，还被带到了欧洲，并在这些地方引发了不少问题。

浣熊的长相惹人喜爱，在日本曾作为动画的主人公登上银屏，作为宠物也备受瞩目。但真实情况是，浣熊只有小时候可爱，一旦进入发情期就会性情大变，让人束手无策，饲养起来并不轻松。浣熊还有一项看家本领——逃家，出逃的浣熊在日本各地重新过起了野生生活。

原本在浣熊的故乡北美，狼、山猫和美洲狮都是浣熊的天敌，但是来到日本以后，浣熊可谓"天下无敌"。再加上水土适宜生长，繁殖力旺盛的浣熊在这里每年都能产下 3~6 个幼崽。

但是这样一来，如何控制浣熊的栖息数量便成了一大难题。最终，在"外来生物法"[①]的规制下，浣熊被指定为特定外来生物。近年来，每年都有超过 1 万只浣熊在日本遭到驱除。

---

① 该项法律自 2005 年开始施行，正式名称为《防止由特定外来生物引起生态系统破坏的相关法律》。根据该项法律，所有威胁到日本生态系统及国民生活的外来生物将被重点关注，必要时予以防除。

◎ 灵巧的手指

浣熊属杂食动物，食物来源广泛，有些浣熊甚至以搜寻人类的厨余垃圾为生。

有人认为浣熊不论捡到什么都会先洗过再吃[①]，其实没这回事。浣熊最爱的食物之一是小龙虾，大概是有人看到浣熊伸手去水里捞小龙虾，觉得那样子像是在清洗吧，所以才有了那种误解。

浣熊长着一双灵巧的手，而且可以灵活运用每只手上的五根手指。这种天赋使浣熊可以从任何锁扣不够牢固的笼子里轻易脱身。

◎ 有传染疾病的危险

浣熊的杂食性偏好为农作物，这带来了不小危害。

浣熊会剥掉玉米的皮来吃，还会在西瓜上开洞，只掏出美味的瓜瓤享用，可以说为所欲为。更有甚者，还发生过浣熊钻进牛棚伤牛的事件。

不仅如此，强大的适应能力还使浣熊走进了城市，令居民的私家菜园遭受了灭顶之灾。据统计，在日本由浣熊造成的农业损失每年多达 3 亿日元。浣熊身上还可能携带有多种人畜共患的传染病，其中具代表性的是浣熊蛔虫。尽管在日本国内尚未出现确诊病例，浣熊蛔虫仍然是一种会致人死亡的可怕传染病。

狂犬病是另一种浣熊可能携带的传染病。狂犬病的致死率高，据悉在北美的浣熊之间有着较高的传染率。

综上所述，浣熊的可爱是毋庸置疑的，不过我们仍要克制自己，尽量不去同它们接触。

---

① 有说法认为，浣熊这样做是为了洗掉两栖类和小型爬行类身体表面的毒素。

40 狐狸：为何狐狸会被奉为"神的使者"

狐狸是日本人从古时候起就感到亲近的动物。狐狸有时候是人们供奉的"稻荷神"，有时候又是人们畏惧的会作祟的"妖怪"。为何会有这种差异呢？

◎ 日本的狐狸与世界的狐狸

狐狸是狗的亲戚，它们的栖息地遍布全世界。在日本，有赤狐的近亲日本赤狐和北海道赤狐；在北极圈有北极狐；在沙漠里有耳廓狐。

不论是哪种狐狸，体形都要比狼小上许多，尤其是在沙漠里生活的耳廓狐，身长只有 30 ~ 40 厘米。

耳廓狐长着一对大耳朵，那是它们最醒目的标志。与之相反的是北极狐，耳朵小得可怜。

这两种狐狸的体貌特征，可以说是验证了"艾伦法则"的典型。艾伦法则指出，对于温血动物身体的延伸部分来说，在寒冷地区的物种一般要短于在温暖地区的物种，以适应对散热或保暖的需求。

◎ 与日本人密不可分的狐狸

在日本，狐狸被奉为"神的使者"，是人们信仰的对象，但与此同时，民间也流传着"狐妖作祟"的故事。相传狐狸喜欢吃油炸豆腐①，于是人们会在稻荷神社里摆放豆皮寿司和油炸豆腐作为供品，而放了油炸豆腐的乌冬面和荞麦面，也因此被称为"狐狸乌冬"和"狐狸荞麦"。

关于这一信仰的起源，日本民俗学家柳田国男指出，这可能和人们将狐狸想象成"农田神的使者"有关。从习性上讲，狐狸不像其他野生动物，见到人类后不会立即逃窜，而是会不时停下脚步回头张望。狐狸还会在秋收时期的水田附近捕食老鼠等小型动物。这些习性似乎就是人类信仰狐狸的起源了。

但在另一方面，"狐妖作祟"的说法也给狐狸的形象带来了负面影响。据考察，民间对狐狸的态度转变是随着佛教传来日本后才出现的，因此，可以认为"狐妖作祟"的说法是从中国的神话和传说中继承而来的。

时至今日，部分迷信仍然在百姓的意识中留下了浓重的痕迹，譬如"在傍晚（夜晚）掉落新鞋子会被狐狸附身"，或是"在眉毛上涂口水可以不被狐狸附身"②。

◎ 狐狸与细粒棘球绦虫③病

"在北海道不可以喝生水"是日本公共安全宣传的一环。此举的目的在于防治细粒棘球绦虫病。

所谓细粒棘球绦虫病，是细粒棘球绦虫的幼虫寄生在人的肝

---

① 但实际上狐狸是肉食动物。
② 相传，狐狸可以根据人的眉毛数量来看清人的内心，而涂抹口水可以让狐狸数不清眉毛，从而避免被看穿内心。后来，人们用"眉唾"来形容事物不可轻信。
③ 绦虫是绦虫纲下寄生虫的统称，大多寄生在脊椎动物的肠道内。

脏、肺、肾脏、大脑等部位后引发的疾病。这种原本不存在于北海道的疾病，被认为是随着人类的迁徙被带到北方的。

细粒棘球绦虫的终末宿主是狗和狐狸。虫卵因某种原因经口腔进入人体后，幼虫从肠壁进入血液或淋巴液，进而到达身体各处。人体感染该疾病后，经过大约十年时间才会显现出初期症状，因此往往无法及时发现。手术是有效的治疗方法，但症状显现时病情通常已经恶化，因此在临床上会并用化学疗法。

41 绵羊：为什么羊毛冬暖夏凉

羊毛是我们非常熟悉的一种原材料，每年的3—5月是剪羊毛的季节。羊毛不但能做成毛衣等羊毛制品，还能用来制作被褥和部分隔热材料。羊毛究竟拥有怎样的特点呢？

◎ 从新石器时代开始被人类饲养

绵羊性格温顺，用途广泛，似乎从很早以前开始，人类就将绵羊驯养成了家畜。据考古发现，在公元前6000年前后的美索不达米亚遗迹中，存在着大量的绵羊的骨头。由此可以推测，早在那个时候，绵羊就已经成了人类的家畜。

当时人类驯养绵羊的目的，应该是为了羊毛，因为在皮、肉、奶等方面，山羊都要比绵羊更有优势。

◎ 羊毛为什么能保暖

我们在市场上可以找到许多羊毛制品，其中质量最好的一类，是美利奴羊毛的产品。

美利奴羊是人工培育出来的品种。这种羊的毛白皙纤细，容易染色，用途十分广泛。

如果在显微镜下观察羊毛，我们会发现羊毛和人的头发一样，表面都覆盖着一层鳞片状的角质。由于存在这层角质，如果用水去清洗，就会发生羊毛缩小变硬的缩绒（毡化）现象，因此清洗时需要使用专用的洗涤剂。

每一根羊毛都是卷曲的。卷曲的毛发之间必然存在着无数空隙，这些空隙方便空气的进入，而空气具有很好的隔热性。这样一来，热传导性低的羊毛就具有了冬暖夏凉的特性。"热传导性低"，即是热量不容易传导、隔热性高的意思。因此，羊毛也用作住宅的隔热材料。

此外，羊毛还具有弹性好、不易变形、不易起褶、透气、吸潮、防水等诸多优点。

◎ 吃羊肉能减肥吗

如今不论在哪里都能吃到羊肉。羊肉一般分为羔羊肉和成年羊的肉。

以羊肉为原料的成吉思汗烤肉，以前是日本北海道乡土料理的特色菜肴。

近年来，羊肉之所以能够在全日本普及，原因之一是羊肉的油脂含量比牛肉低，另一个原因就是羊肉中含有的"左旋肉碱"。左旋肉碱具有燃烧脂肪（促进代谢）的功能，因此也被人们称为"脂肪搬运工"[①]。

每 100 克不同肉类的肉碱含量如下：成年羊肉 208 毫克、羔羊肉 80 毫克、牛肉 60 毫克、猪肉 35 毫克。可见，羊肉的肉碱含量是十分出众的。

不过，虽说肉碱促进代谢是不争的事实，但若说光靠摄入肉碱就能减肥，那就有些言过其实了。

---

① 细胞中的线粒体能够将脂肪的主要成分脂肪酸转化为能量。而将脂肪酸运送到线粒体的工作，正是由左旋肉碱负责的。

42 山羊：为什么吃了纸也没事

山羊是继犬类之后被人类驯养的最古老的家畜之一。如今山羊不但为人类供应各种产品，还可以发挥其吃草的本领，为一般家庭提供"山羊除草"的租赁服务。

◎ 山羊和绵羊的区别在哪里

山羊和绵羊都是牛的近亲。

山羊的角有一定的弧度，向后方生长，尾巴较短，向上翘着。公山羊的下巴上长着长长的胡子。

绵羊的角是一圈一圈的，呈旋涡状生长，尾巴一般较长，自然下垂。绵羊的下巴上通常没有胡子。①

山羊和绵羊都是食草动物，但山羊不仅吃草，还喜欢吃树叶和树芽，绵羊则只有消化草的能力。

人类为了从山羊身上获取毛皮、肉和奶，在不同地区培育出了不同品种的山羊。例如，原产于土耳其的安哥拉山羊是专门产毛的品种，它们的毛被称为马海毛；克什米尔山羊以冬毛著称，其羊绒是高级纺织品的原料。

---

① 不长胡子的山羊和长胡子的绵羊也是有的。

◎ 山羊为什么可以吃纸

说到山羊，有人就会想到山羊吃纸的画面。可是山羊为什么能吃纸呢？

山羊原本就有吃树叶的习惯，它们甚至能消化树叶里的粗纤维（坚硬的叶脉）。

而过去人们使用的纸张，从某种程度上讲是用树皮做成的：人们把树皮纤维捣碎后做成纸浆，再把纸浆过筛就做成了纸。山羊大概是因为喜欢吃纤维，所以对纸就爱屋及乌了吧。不过，现在我们使用的纸里不光有植物纤维，还有各种添加成分，所以还是不要把纸喂给山羊比较好。

◎ 回归野外的山羊会破坏森林

曾经发生过这样的事，以食用目的引进的山羊，因无人管理而回归野生状态后，毁掉了一片森林。

人类驯养山羊，原本是看中了山羊在严酷环境下也能够顺利繁衍的物种优势。然而，这些"能吃苦"的山羊在野生化以后，不但会吃光植物的叶和芽，甚至连树皮和树根也不放过。如果放任不管，森林将退化成草地和裸地，甚至演变成沙漠化和生态系统崩溃等严峻的环境问题。

◎ "出租山羊"反响热烈

有一种服务巧妙利用了山羊旺盛的食欲，那就是"出租山羊"。[①]

---

① 饲养条件是为每只山羊提供 2 平方米左右的避雨小屋，以及可以自由活动的放牧场所。

例如坐落在日本长野县的产地直销市场"绿色农场"，目前就借出了共计 139 只山羊，其中的八成是被普通家庭租借走的（2017 年 10 月）。

商家最初看重的是山羊的除草功能，但实际上人们借用山羊的目的各不相同：有的是为了寻求心灵疗愈；有的是为了给孩子陶冶情操；有的是为了喝山羊奶。山羊奶风味醇香，而且比牛奶更好消化。

还有租给大型企业法人的情况。因为有了山羊就不需要除草机了，企业可以借此树立自己的环保形象。

43 鹿：华丽的鹿角不是骨头，而是皮肤吗

> 日语中会用"鹿"形容"假装没有看见"，其出处为花牌中一张鹿别过脸的图案。不过在现实中鹿是相当亲人的，和人类的交流也很紧密。

◎ 鹿角的生长与脱落

说起鹿，华丽的鹿角是它们的标志，不过长角的只有雄鹿。如下图所示，随着雄鹿年龄的增长，鹿角会不断长出"枝丫"。

不过，这对分叉的鹿角每年春天都会脱落，这种现象称为"落角"。

1 岁　　　　2 岁　　　　3 岁　　　　4 岁

从鹿角的形状推测鹿的年龄

每年春天脱落的鹿角，随着季节向夏天转移开始重新生长。然而新长出来的角并不坚硬。这对幼角叫鹿茸，表面长着绒布般的绒毛，摸上去柔软又有温度。

鹿茸里面有大量血液流动，不断沉积钙质后最终长成角的形状。这个时期的鹿角上布满神经，对碰撞相当敏感，因此，雄鹿每到这个时候都老老实实的，从不争斗，心思都被花在了对鹿角的保养上。

很快，鹿角长成了，不再充血，表面的皮肤开始剥落。为了脱掉皮肤，雄鹿会在树枝上把角蹭来蹭去。

鹿角会在夏末彻底长成。这时，表面覆盖绒毛的皮肤完成了它的使命，渐渐剥落，一对华丽的鹿角横空出世。[①]

◎ 不进行人工割角也会自行脱落

鹿角长成时，鹿也迎来了发情期。为了留下后代，雄鹿之间开始争夺雌性，争夺地盘，战争一触即发。鹿角是雄鹿此时唯一的武器。最终，胜利者将获得繁衍后代的权力。

处在发情期的雄鹿脾气暴躁，考虑到它们可能引起的事故，人工饲养的雄鹿通常会被割掉鹿角。[②]

其实就算不为雄鹿割角，等到初春的时候鹿角也会轻易脱落 —— 就像瓜熟蒂落一样干脆地掉下来。随着鹿角的脱落，雄鹿的性情也重新归于平静。

◎ "鹿饼"好吃吗

鹿的食谱很丰富，从野山里的树叶、树子、草、枯叶，到树

---

① 由此可见，鹿角并不是鹿的骨头，而是皮肤硬化后形成的角质。每年，鹿都要从植物中（且只能从植物中）摄取足够的钙质使鹿角生长，这绝不是一件容易的事。

② 在日本奈良，每年10月举行的割角仪式是当地的一大景观。而且，"奈良鹿"是日本国家级的自然保护动物。

皮，只要是植物什么都吃。它们的进食量为每天 5 ~ 10 千克。

因此，食物匮乏的冬天对鹿来说是难熬的，在降雪量大的地区，死于饥饿的情况并不罕见。

说到这里，想必一定有人在奈良用"鹿饼"喂过鹿吧？这种薄饼是用米糠和小麦粉做成的，人也能吃，但是因为没有经过调味，我们吃起来可能不会觉得好吃。

这种从江户时代兴起的"鹿粮"，即使喂给鹿几十个也无法取代"正餐"，充其量只能当作"点心"喂给鹿吃。另外需要注意的是，向鹿投喂鹿饼以外的食物是严令禁止的。

◎ 小个子屋久鹿和大个子虾夷鹿

各种鹿的生存状态大同小异，但它们的个头却会因地域不同而存在较大差异，譬如屋久岛的鹿和知床半岛的鹿。这两个地方都以被选为世界遗产而闻名，而且都密集栖息着大量的鹿。

那么，这两种鹿的个头究竟有多大差异呢？北海道虾夷鹿的体重，雄性为 90 ~ 140 千克，雌性为 70 ~ 100 千克。而屋久鹿的体重，雄性只有 24 ~ 37 千克，雌性为 19 ~ 25 千克。[1]

不光是体重，鹿的寿命也有差异。北方的鹿寿命较短，虾夷鹿的平均寿命为 6 ~ 8 年，而奈良的鹿据说能活到 10 ~ 25 岁。

---

[1] 针对同种哺乳动物的体形与生活地域之间的关系，"伯格曼法则"做出了如下说明：即使是同一种动物，生活在寒冷地方的个体的体形往往更大。因为体重的增加会使体表面积相对减小，这样更有利于防止热量散失。

44 马：会大量出汗的只有马和人类吗

从古代遗迹出土的文物中有许多马的陶俑，还有许多马的饰物和马具，可见马自古以来就在人类文明中占有很高的地位。

◎ 马的祖先有 5 根脚趾

马最早的祖先是始祖马。从化石中了解到，始祖马生活在距今大约 5200 万年前的北美大陆。它们穿行在拥有大面积湿地的森林中，以草木的嫩芽和嫩叶为食。

始祖马的身高为 25 ~ 45 厘米，个头与小型和中型犬相当。

始祖马起初有 5 根脚趾，但是在进化过程中前脚变成了 4 根，后脚变成了 3 根。

个子相当小

始祖马（约 5000 万年前）　　　马（现在）

◎ 被彻底改良的马

速度赛马中使用的马匹被称为"纯种马",英文为"thoroughbred",是由"彻底"(thorough)和"育种"(bred)这两个词组合而成的。培育纯种马的过程,即是让速度快的公马与速度快的母马交配,从而生出速度更快的马匹。

纯种马的历史可以追溯到 17 世纪初。当时的英国人用从东洋引进的种马与本土的牝马交配,由此开始了纯种马 400 余年的历史。

在速度方面,纯种马的时速可以达到 60 ~ 70 千米,而普通马的时速大约在 50 千米。

◎ 会汗流浃背的哺乳动物

我们人类在奔跑时会出很多汗。可同样是跑来跑去,猫、狗却从不会汗流浃背。猫和狗当然也是有汗腺的,不过只小范围分布在四肢的脚掌上。河马是一种会浑身出汗的动物,但河马出汗并不是为了调节体温,而是为了防止皮肤被晒伤或过于干燥。在哺乳类中,以降低体温为目的,在全身的体表大量分泌汗液的动物,就只有马和人类了。我们之所以要出汗,是为了利用汗液蒸发时的汽化热①来调节体温。

◎ 马用指尖站立?

仔细观察马的脚可以发现,其活动方式与人类骨骼的活动方式是不同的。事实上,马的脚与地面接触的部分并非它们的"脚掌",而是

---

① 液体通过吸收相邻物体的热量使自己蒸发,这部分热量被称为"汽化热"。这就是出汗会使体温下降的原因。

"指尖"。换句话说，马的站立状态是"后跟离地，脚尖点地"。以这种方式站立的动物被称为蹄形动物，牛、象和长颈鹿都是典型的蹄形动物。然而和这些动物相比，马的情况还要更特殊：由于马的脚趾除中趾以外均已退化，它们是单靠一根中趾站立的。

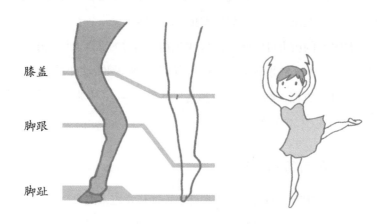

膝盖

脚跟

脚趾

◎ 350 度的视野

马的瞳孔和人类的不同，是扁圆形的（瞳孔为扁圆形的动物还有绵羊、山羊、牛、河马等食草动物），而且由于瞳孔位于脸的侧面，马的视野可以达到350度。

眼睛长成这样，恐怕是因为马是食草动物，为了自我保护需要在第一时间察觉到危险。

不过，视野的扩大同时也意味着会被更多的东西吸引注意力。为了避免纯种马在比赛中分心，人们会为参赛马匹戴上眼罩，以便它们能够专注地看向前方。

45 家猪：一种用野猪改造出来的经济动物

自古以来被人类养来吃的家猪，是人类将野猪驯化后人工培育出来的品种。家猪的经济价值极高，以至于被说成是"除了叫声浑身是宝"。

◎ 好吃的猪肉是杂交出来的

我们平时吃的猪肉，大多是用兰德瑞斯（长白猪）与大约克夏（大白猪）的杂交①种（母），去和杜洛克（公）配种后得到的品种。

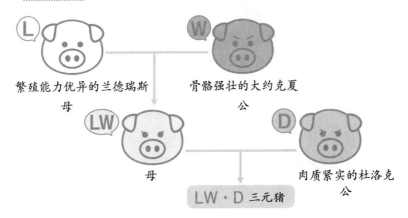

繁殖能力优异的兰德瑞斯 母

骨骼强壮的大约克夏 公

母

肉质紧实的杜洛克 公

LW·D 三元猪

杂交繁殖的后代比父母双方都更强壮健硕，发育得也更好，这种现象被称为杂种优势。

———————————

① 杂交，是指让不同种属或品种的动植物双方进行交配，生产杂种的过程。杂交也叫异种交配。

兰德瑞斯和大约克夏的优势为产崽量大，杜洛克的优势为肉量丰厚和生长速度快，这样一来，它们的杂交品种就同时具备了肉质鲜美与产量大的优点。因为是由三个品种杂交而来的，这种猪被命名为三元猪。

　　猪这种动物原本为杂食性，既吃草也吃肉，但是作为家畜饲养的家猪，吃的通常是以大豆和玉米为主要原料的混合饲料。

◎ 人工培育的经济动物

　　因为野猪什么都吃而且多产，人类花费了漫长的时间将其驯化，并改良成了现在的家猪。[①]

　　在山野里奔跑的野猪要比家猪聪明得多，它们的鼻子更长，雄性下颚上的犬齿暴露在外，形成獠牙。野猪脾气暴躁，行动敏捷，奔跑速度快，而且擅长游泳。

　　相比之下，沦为家畜的家猪性格顺从，下半身肥硕无比，而且越是经过改良的品种越容易长肉。它们的鼻骨缩短了，下巴变成了地包天的模样。

　　家猪没有野猪的獠牙（犬齿），那对獠牙还是乳牙的时候就被人类剪掉了。家猪也没有野猪那种像样的尾巴，它们互相之间咬来咬去，尾巴早就断了。

　　作为彻头彻尾的"经济动物"，家猪从出生那一刻起就是被人类圈养着的。

　　出生 6 个月后，家猪的体重达到 90 千克，已经可以上市。这

---

① 肉猪中有一种名叫"特种野猪"的家猪和野猪的杂交品种。特种野猪是用雌性家猪和雄性野猪交配后得到的肉用家畜。特种野猪的存在说明家猪和野猪是同一种生物。

个发育速度是野猪的两倍。

家猪不但长得快，繁殖能力也很旺盛。相比野猪通常每年繁殖 1 次，平均产崽 5 头（3 ~ 8 头），家猪每年的繁殖次数为 2.5 次，平均产崽量超过 10 头，部分品种的产崽量甚至接近 30 头。为哺育更多幼崽，家猪的乳房（乳头）数量也相应地增加到了 7 ~ 8 对，相比之下野猪为 5 对。

不仅如此，较之野猪在 2 岁迎来性成熟，家猪只需要长到 4 ~ 5 个月就能产崽了。

◎ 寻找世界级美食"松露"①

家猪的鼻子大，是因为其祖先野猪的鼻子大。

野猪靠吃蚯蚓、昆虫的幼虫和植物的根为生，这些东西长在原野和森林里，需要刨开地面的土壤才能找到，这时候，鼻子就显得非常重要了。野猪会先用灵敏的嗅觉判断食物的位置，然后把鼻子当作铲子，把土挖开。正是因为这样，它们的鼻子才长得又大又结实。

话说森林的土里生长着一种名叫"松露"的蘑菇，这种食材对法国料理来说不可或缺。为了寻找松露，人们想起了家里的老母猪。

由于松露里的某种物质与公猪散发出的信息素（费洛蒙）非常像，我们只需要让母猪在树林里边走边闻味道，就能把这种蘑菇找出来。

◎ 派不上用场的只有叫声

猪浑身上下基本上没有不能吃的地方，以至于被人说成是

---

① 松露生长在地下 30 厘米处。欧洲人将松露与鹅肝和鱼子酱并称为世界三大美味。

"除了叫声浑身是宝"。下图标记了猪身上主要的食用部位及其名称。

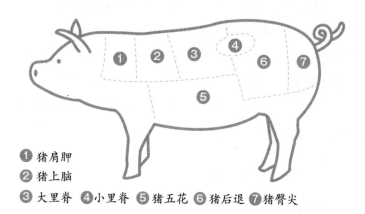

❶ 猪肩胛
❷ 猪上脑
❸ 大里脊 ❹ 小里脊 ❺ 猪五花 ❻ 猪后退 ❼ 猪臀尖

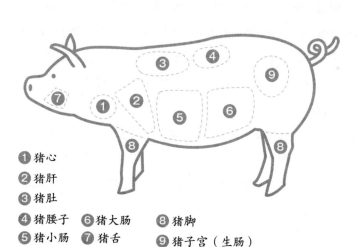

❶ 猪心
❷ 猪肝
❸ 猪肚
❹ 猪腰子 ❻ 猪大肠 ❽ 猪脚
❺ 猪小肠 ❼ 猪舌 ❾ 猪子宫（生肠）

46 牛：高级和牛都是从同一种牛改良而来的吗

> 牛奶和牛肉都是我们生活中常见的东西，不过关于牛，未知的地方还有很多。下面就让我们走进牛的生活吧。

◎ 牛有 4 个胃

牛庞大的身躯里装着 4 个胃。其中第四胃是它们原本的胃，而巨大的第一胃，以及第二和第三胃，则是由第四胃之前的食道分化而来的。

牛有 4 个胃，是因为食物难以消化。我们看到牛的时候，牛的嘴总在动，那是在把吃下去的东西吐出来重新咀嚼。[①]这个把胃里的食物吐出来重新咀嚼的过程，对牛来说是家常便饭。牛的第一个胃里生存着大量的微生物，专门负责帮助分解难以消化的纤维素[②]。这些在第一个胃里帮助消化的微生物，会在第四个胃里作为动物蛋白被消化吸收，成为牛的营养。

> 第一胃：利用微生物将植物分解、发酵
> 第二胃：将消化到一半的草重新吐到嘴里
> 第三胃：将经过分解的草磨碎
> 第四胃：将草消化吸收

---

① 这种行为叫反刍。除牛以外，山羊、绵羊、长颈鹿和鹿也是反刍动物。

② 纤维素是一种在天然植物中占三分之一的碳水化合物，特点是难以消化。

◎ 奶牛、肉牛、高级和牛的培育方法

牛不但产奶，还为我们提供肉食。理所当然地，牛也被培育成了各种特殊的品种。

奶牛中最优秀的品种，是以黑白相间的毛色闻名的荷斯坦牛。由于母牛只在分娩后产奶，我们会用人工授精的方式令母牛怀孕，然后为奶牛挤奶。

不产奶的雄性荷斯坦牛会被当成肉牛喂养，也就是通常所说的日本"国产牛"。①

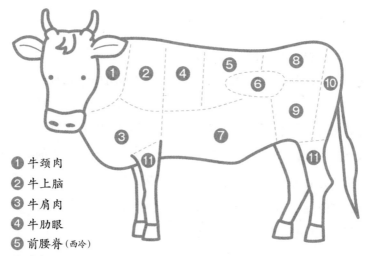

❶ 牛颈肉
❷ 牛上脑
❸ 牛肩肉
❹ 牛肋眼
❺ 前腰脊（西冷）
❻ 牛柳（菲力）　❼ 牛五花　❽ 后腰脊　❾ 内侧腿肉　❿ 外侧腿肉　⓫ 牛腱

另一方面，在日本过去用于农耕和运输的和牛，如今经过改良，成了四种高级肉牛。具体来说就是黑毛和种、褐毛和种、日本

---

① 荷斯坦牛风土驯化能力强，世界大多数国家均能饲养。经各国长期的驯化及系统选育，育成了各具特征的荷斯坦牛，并冠以该国的国名，如美国荷斯坦牛、加拿大荷斯坦牛、日本荷斯坦牛、中国荷斯坦牛等。

短角种，以及无角和种，其中黑毛和种占总数的90%以上。

黑毛和种大多是但马牛的后代。但马牛是生长在兵库县但马地区的品种。肉牛养殖户根据不同的环境精心培育，经过多次改良，将但马牛培养成了价格高昂的名品肉牛。

在四种高级肉牛种，黑毛和种的体形最小，脂肪最多，其出产的霜降牛肉①获得了全世界的高度评价，市场价格居高不下。

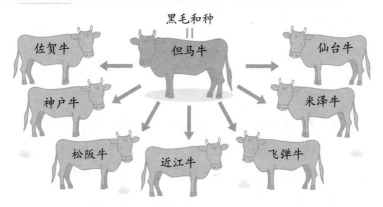

◎ 早在新石器时代以前就被人类驯化

透过古代文明的遗迹，我们不难窥见早期人类驯化野牛与使用耕牛的历史。比较权威的说法认为，人类驯化牛的时间，可能比新石器时代还要早得多。

强壮的体魄使牛在农耕与运输中崭露头角，这种驾驭牛的方式至今仍被不少国家所沿用。

在日本，牛形陶俑与牛骨的出土，将日本人饲养耕牛的起始时间界定在了古坟时代（250—592）。

---

① 霜降牛肉是一种脂肪以细小的网眼状分布在瘦肉中间的牛肉，主要集中在牛的后背上，如上脑和前腰脊等部位。

47 熊：遇到熊的时候装死没用

> 说到熊，泰迪熊和熊本熊这一类可爱角色是很有名
> 的。但在另一方面，由于越来越多去山里采野菜的人遭到
> 熊的袭击，人们也怕熊。

◎ 熊为何袭击人

熊是一种很聪明的动物，可是如此聪明的动物为何要袭击人呢？

其实在绝大多数时候，熊见到了人（察觉到人的存在）都是会自己跑开的。那些遭熊袭击的事件，大多发生在与熊不期而遇的情况下。

通常认为，走在山里的时候身上挂个铃铛，或者听收音机，能起到防熊的效果。但由于风向和地形的关系，有时候熊并不能察觉到人类的接近。

需要特别提防的是带着小熊的母熊，这个时期的母熊警惕性非常高。

相比之下，年轻的熊喜欢进行各种尝试，但也因此常常受挫，情绪波动较大。它们有的刚刚离开母亲，正被领地问题搞得焦头烂额，有的对人类产生了兴趣，想和人类一起玩耍，或是想比比谁的力气大——这跟小狗和人闹着玩可不一样，非常危险。

◎ 遇到熊的时候不可以装死

虽然常有人说"遇到熊的话装死就好了"，但其实这么做根本没用。假如真的遇到熊了，跑是唯一的办法。

但是话说回来，熊的奔跑速度可以达到 50 千米/小时，人是跑不过熊的。遇到熊时最好的做法，是不要跑，也不要用后背对着熊，要一边发出声音一边慢慢后退。在不使熊兴奋的情况下一点点拉开距离。

◎ 棕熊与亚洲黑熊

在日本，北海道栖息着棕熊，本州和四国栖息着亚洲黑熊。

在自然资源丰富的北海道，不论走到哪里都有与棕熊相遇的可能。近来，游客投喂棕熊成了一件令人头疼的事。因为想要更近地观察和拍照，一些游客忍不住把自己的食物喂给了熊。

棕熊属杂食动物，平时靠吃蜂斗菜的花梗和橡子等植物、果实为生，进入秋季后会捕食洄游的鲑鱼和鳟鱼。近来因数量泛滥而成为问题的虾夷鹿，也是棕熊积极捕食的目标。但是，棕熊一旦吃惯人类的食物，就会在觅食这件事上养成好逸恶劳的习性，后果不堪设想。

和棕熊相比，栖息在本州和四国的亚洲黑熊体形较小，但力气很大，浑身长满了纯黑色的毛，唯独胸前有一片 V 字形的白色斑纹。亚洲黑熊擅长爬树和挖洞，游起泳来也很有一套。

和棕熊一样，亚洲黑熊也属杂食性，靠吃果实和小型脊椎动物，以及其他动物的尸骸为生。

如今亚洲黑熊在九州地区已经绝迹，在其他地区也因为人工林的扩大和道路开发等问题被阻断了栖息地，生息数量有逐年减少的趋势。[①]尤其是在四国，四个县的生息数量加在一起，估计也只有

---

① 在"熊本熊"代表的熊本已没有野生熊栖息，亚洲黑熊在整个九州绝迹了。

10头。

　　然而，这样的状况并没有使亚洲黑熊免于成为人类狩猎的目标，至今仍有人为了获得熊肉和药用的熊胆而猎杀亚洲黑熊。

　　不得不说，当今的日本人有必要对猎物的生息数量和狩猎数量进行严格的管控。

◎ 熊的冬眠之谜

　　生活于北方寒冷地区的熊有冬眠现象[1]，而位于亚热带和热带地区的黑熊往往不冬眠。

　　秋天里，熊长出了一身厚厚的脂肪，做好了冬眠的准备，这些脂肪将成为它们在未来一段时间里的能量来源。寒冬来临后，熊停止了一切活动，就连体温、心跳和呼吸频率也降了下来，以便将消耗降至最低。熊在冬眠期间不吃任何东西，也不喝一点水，但母熊通常会在这段时间里产下两头幼崽。

　　不像花栗鼠和其他冬眠动物，熊的冬眠过程难以窥探，至今仍有许多未解之谜。

◎ 大熊猫是熊吗

　　出生在日本上野动物园的大熊猫"香香"[2]，是一头人气极高

---

① 北极熊在冬季里会在冰面上展开狩猎，因此是不冬眠的。尽管照常活动，它们的身体为了降低消耗已进入冬眠状态，人们称之为"边走路边冬眠"。北极熊是陆地上体形最大的食肉动物，主要以捕食海豹为生。

② 编者注：香香是中国 2011 年赴日的雄性大熊猫比力（日本名"力力"）和雌性大熊猫"仙女"（日本名"真真"）的女儿。2021 年 12 月 7 日，东京都政府宣布，受新冠疫情影响，"香香"归还中国的期限将从 12 月 31 日推迟到 2022 年 6 月 30 日。

的雌性熊猫幼崽，公开亮相仅半个月就引来了超过 10 万名游园者。

我们平常说的"熊猫"，可分为大熊猫（熊科）和小熊猫（小熊猫科）两种，其中，大熊猫是熊的近亲①，它们只生活在中国特定的几个区域里。

值得一提的是，大熊猫的主食是竹子。而作为其近亲，熊却丝毫没有这种倾向。

事实上，大熊猫的肠胃是可以消化肉食的，或者说，它们根本无法很好地消化富含纤维质的竹子。大熊猫吃下去的竹子，80%都无法消化，会直接以粪便的形式排出体外（也是出于这个原因，大熊猫的粪便没什么臭味）。

关于这种饮食习惯，有研究认为，大熊猫是为了回避在中国内陆山岳地区的生存竞争，才转而去吃终年产量富足的竹子的。

---

① 从外表上看，熊和大熊猫似乎是不同物种，而且也确实有人提议让"大熊猫科"独立出来，然而 DNA 的检测结果显示，大熊猫是如假包换的熊科动物。

Column

专栏3　什么样的生物属于动物

动物无法自己制造养分，因此要靠吃其他生物来摄取养分。

根据脊骨的有无，动物可大体分为脊椎动物和无脊椎动物。

脊椎动物

脊椎动物的脊骨的上端连着头骨，头骨里面是大脑，大脑附近聚集着一系列感觉器官。大脑负责协调身体的动作，以便在发现食物时能迅速行动将其捕获。脊椎动物的骨骼上包裹着发达的肌肉，并因此可以进行剧烈的运动。脊椎动物主要包括以下几类：哺乳类、鸟类、爬行类、两栖类、鱼类。

无脊椎动物

没有脊骨的动物被称为无脊椎动物。无脊椎动物分为以下几类：节肢动物（蝴蝶、蜻蜓、独角仙、蜘蛛、螃蟹、蜈蚣等）、软体动物（蛤蜊、蜗牛、章鱼等）、环节动物（蚯蚓、水蛭、沙蚕等）、其他（海胆、海鞘、海绵、绦虫、真涡虫等）。

其中，节肢动物的身体被坚硬的外壳（外骨骼）包裹着。

第四章

河流、海洋里的生物

48 水黾: 往水里倒洗涤剂就会沉下去

水黾在日语里的名字和麦芽糖有关，这是因为水黾闻起来有麦芽糖水的味道。[①]水黾能在水面上嗖嗖地滑行，其中的秘诀是利用了水的"表面张力"。

◎ 凶猛的食肉动物

以细长的身体和足为特征的水黾，刚一出生就能在水面上到处移动。水黾的猎物是落在水面上的其他昆虫。一旦感应到猎物落水后产生的波纹，水黾便会迅速靠近，然后将尖锐的口器刺入猎物体内吸食体液。由此可见，水黾是一种凶猛的食肉动物。

水黾不会一生只在同一片水塘里度过。它们细长的身体上长着折叠的翅膀，这使它们具备了飞行的能力。

◎ 浮游的原因是表面张力

水黾为何能浮在水面上呢？除了得益于轻盈的身体外，水的表面张力也是原因之一。水黾的脚上长着极细的毛，在张力作用下，这些细毛可以使水黾滴水不沾。

---

① 说到能够发出气味的昆虫，象蝽是一个典型。象蝽和水黾同属异翅亚目，是近亲关系。除了会发出气味，尖锐的口器是它们的另一个共同之处。由于后翅只能覆盖半截身体，象蝽和水黾在分类学上被归在半翅目下。

　　不过，有一种方法可以让水黾落水，那就是减小水的表面张力。如果将洗涤剂或肥皂水等表面活性剂倒入水中，就算水黾的身体再轻也无法被张力支撑，只能沉入水中了。

49 青蛙：可以把自己的胃吐出来清洗吗

> 青蛙过去遍地都是，可如今只有在田边才能听到它们的大合唱了。青蛙已在世界各地相继成为濒危物种。

◎ 蝌蚪是青蛙的孩子

青蛙小时候就是我们熟悉的蝌蚪。其实不只是青蛙，所有两栖类小时候都长得和蝌蚪差不多，像音符一样。但青蛙在两栖类中仍然是一个神奇的个例，因为它们小时候长长的尾巴会随着成长渐渐缩短消失（但青蛙的骨骼标本上仍然残留着尾骨），青蛙也因此被称为无尾类两栖动物。

近来，日本的一项研究揭开了青蛙失去尾巴的秘密。原来，青蛙在成长中会将自己的尾巴视为异物，进而激起身体的免疫反应将尾巴除掉。这种现象被称为程序性细胞死亡。原本为了保护身体而时刻待命的免疫功能，竟然还能用来"自我伤害"，着实令人惊讶不已。

◎ 从用鳃呼吸到用肺+皮肤呼吸

蝌蚪和鱼类一样，用鳃呼吸，用尾巴游泳。但是长大以后，青蛙就变成用肺呼吸了。这是为了更好地在陆地上生活，而鳃会在这一过程中自然消失。

不过，青蛙的呼吸其实有 30％~50％是靠皮肤完成的。青蛙的皮肤上覆盖着一层黏膜，由于不耐干燥，皮肤会定期脱落。

青蛙的脱皮和爬行类略有不同，与其说是因为身体长大了，不如说是为了保养皮肤。

另外，由于青蛙长了一张大嘴，有时候难免会把异物吞进肚子。每当遇到这种情况，青蛙都会把自己的胃整个吐出来，然后用手除去异物。清理完毕后，把胃吞回去就可以恢复原状了，非常巧妙。

◎　全世界青蛙的数量都在下降

青蛙的减少并不是日本特有的现象。目前，世界上已知的青蛙种类约有 4700 种，这些青蛙生活在除南极大陆以外的所有大陆上，可以说只要是有水的地方就有青蛙。

但是据不完全统计，自 1970 年以来，已经有超过 200 种青蛙从地球上绝迹。[①]和其他灭绝物种一样，青蛙的灭绝也是因为栖息地的减少。另外，对于体表覆盖黏膜的青蛙来说，水质恶化也是它们灭绝的一大原因。

另一个严峻的问题，是包括青蛙在内的所有两栖类都会感染的"壶菌病"[②]。这种传染病是由名叫"蛙壶菌"的真菌引起的。蛙壶菌会寄生在两栖类的身体表面并大量繁殖，青蛙被寄生后皮肤失去呼吸功能，很可能因此死亡。

----

① 青蛙是以昆虫为食的食肉动物，一旦青蛙减少，水田里的昆虫将会增加，以青蛙为食的食肉动物也会受到影响。
② 壶菌病以水为媒介在两栖类之间传播，人类不会感染。

50 小龙虾：为何被指定为外来侵略物种

日本固有的小龙虾是日本黑螯虾，但是离人们生活更近的反而是外来物种美国小龙虾（克氏原螯虾）。小龙虾在美国是一道名菜，人们是专门为了吃它才养它的。

◎ 最常见的是美国小龙虾

美国小龙虾是在 1927 年作为食用牛蛙的饲料引入日本的。这种小龙虾生活在水边和水田里，会为自己挖掘圆筒状的洞穴。它们食性贪婪，杂食，靠吃水草、贝类、蚯蚓、昆虫、甲壳类、鱼卵和小鱼为生。

小龙虾在日语中的名称源于它们的走路姿势，意为"坐着走路的虾"。

◎ 虽然作为宠物很受欢迎，但是……

美国小龙虾被日本生态学会列入了"100 种最糟糕的外来侵略物种"，是一种需要格外留心对待的外来生物。

据该学会声明，美国小龙虾将日本小龙虾逐出栖息地后，现已成为日本国内数量最多的小龙虾。由于美国小龙虾体形更大，被其捕食的鱼类同样受灾严重。美国小龙虾的体色富于变化，变色个体作为宠物人气居高不下，因此有较大的逃逸危险。如果家中饲养有这种小龙虾，请留心不要让它们逃走。

51 鲤鱼：是"会游泳的宝石"

> 公园的池塘里、护城河里、河流和湖泊里，各种地方都有鲤鱼的身影。其中，经过改良的观赏品种锦鲤价值非常高，对日本的出口贸易做出了巨大贡献。

◎ 对声音敏感的鲤鱼

鲤鱼是一种对声音非常敏感的鱼。例如公园里的鲤鱼会因为听到脚步声而判断有人来喂食了，于是张开大嘴凑上前来。

鲤鱼用来感应声波的器官叫韦伯器，韦伯器长在负责调节浮力的鱼鳔旁边。

鲤鱼的嘴总是一开一合的，嘴边长着两对胡须。和鲤鱼形态相似的鲫鱼是没有胡须的。

◎ 不挑食的鲤鱼

鲤鱼属杂食性，从小动物到水草什么都吃。鲤鱼可以长得很大，佼佼者的身长接近 1 米。而且它们活得很长，平均寿命可达 20 年，长寿纪录保持者更是活到了 70 多岁。

鲤鱼的环境适应性强，即使在污水里也能正常生活，在清水里反而难以生存。

由于在任何环境下都能生存，不管把鲤鱼放养在哪里，对其他生物来说都是一种威胁。

◎ "会游泳的宝石"

虽然同为鲤鱼，拥有红白花纹的品种却是以观赏鱼的身份被人类饲养着。黑色以外的鲤鱼叫"色鲤"，而拥有多种颜色且色泽分布美丽的鲤鱼被称为"锦鲤"[1]，锦鲤是人工繁殖出来的。

日本锦鲤的历史可以追溯到19世纪。相传在新潟县的旧山古志村（现在的长冈市）和小千谷市，食用鲤鱼突然发生了变异，人们就是从那时起开始培育锦鲤的。日本锦鲤被喻为"会游泳的宝石"远销海外，出口额连年增长。

鲤鱼不像其他宠物那样娇贵，天生皮实得很，这种优势让宠物鲤鱼很有市场。不过，鲤鱼是会不断长大的，这一点要切记。

锦鲤等观赏鱼的出口额及出口量变化图

◎ 可以食用，但有毒

鲤鱼在日本料理中有很多吃法，比如，将鲤鱼纵向切片放在味噌里煮，或是用活水洗掉脂肪和腥味后用冰水收紧，吃刺身，或

---

[1] 锦，指有彩色花纹的丝织品。锦鲤，即是像锦一样美丽古雅的鲤鱼。

者做炖菜也可以。只不过，在备料阶段需要对鲤鱼进行仔细处理，否则不但吃起来有怪味，还可能感染寄生虫病。另外鲤鱼巨大的胆囊是有毒的。

52 鸭子：斑嘴鸭为什么要在春天搬家

会飞来日本的鸭子有许多种，但绝大多数是冬鸟（秋天飞来过冬，春天离开的候鸟）。唯独斑嘴鸭是留鸟，一年到头生活在日本。

◎ "斑嘴鸭搬家"是春天一景

有些鸭子不会定期远渡重洋而是一直生活在日本，斑嘴鸭是其中之一。"呱呱呱"，斑嘴鸭的叫声听起来十分响亮。它们是终年生活在河川、池沼、海上等水泽地带的留鸟，靠吃草的叶、茎、草籽，以及水生小动物为生。

每年春天，发生在日本都市中心的"斑嘴鸭搬迁事件"都会成为新闻，甚至连警察也出动了。看到斑嘴鸭携家带口在街道里列队前行的样子，人们的心情也舒缓了下来。队伍里的小斑嘴鸭，出生不久就已学会走路。

斑嘴鸭是一种亲鸟不会给雏鸟喂食的禽类。这样一来，亲鸟就需要带领雏鸟前往一个既能找到食物又安全的场所。这就是斑嘴鸭搬家的原因。

顺带一提，在找食物这件事上，日本合鸭是"合鸭农法"①的

---

① 合鸭农法，在水田里放养合鸭并利用合鸭吃掉杂草的一种有机农业方式。好处是可以避免使用除草剂，而且节省人力。

征用对象。这里所使用的合鸭，是绿头鸭与家鸭的杂交种。

◎ 日本数量最多的六种鸭

来日本过冬的候鸟包括天鹅、雁和鸭子，其中鸭子的数量远超前两者。出现在日本冬天里的这些鸭子，按种群数量排序的话依次为：绿头鸭、斑嘴鸭、绿翅鸭、赤颈鸭、针尾鸭、斑背潜鸭。

◎ 家鸭的祖先是绿头鸭

繁殖地遍及北半球北部的绿头鸭是鸭类中的代表。在日本，从北海道到九州都有绿头鸭成功繁殖的先例。

绿头鸭和斑嘴鸭一样，也被认为是肉质鲜美的禽类，因此成了人类的捕猎对象。每年 11 月到翌年 3 月的寒冷季节，是鸭肉最当吃的时候。这时候的鸭子肉中带红，皮下脂肪丰厚，口味柔和，是禽类肉中的绝品。

绿头鸭是作为家禽（以蛋用和肉用目的被饲养的禽类）的家鸭的原种。绿头鸭会停落在城市的公园里或池塘中，性情亲人，因此被人类驯化为家禽，并衍生出了多个家鸭品种。

家鸭除了被当作玩物放养外，还为人类提供肉食，其羽毛是制作绒被的材料。

说到以家鸭为食材的美食，北京烤鸭和松花蛋是最有名的。

53 双壳贝：为什么说不能张开的贝不能吃

每年到了赶海的季节，都会有许多人在沙滩上捡贝。如果在贝吐沙子的时候细心观察，你会看到它们不可思议的活动。贝壳里面究竟是什么样子呢？

◎ 所有双壳贝的共同点

我们在用贝做美食的时候，贝壳会啪地张开，这说明火候已经到了。

贝壳的开闭是由肌肉控制的。这块肌肉叫闭壳肌，也叫贝柱。我们平时吃的贝柱就是这块肌肉。

闭壳肌可以像其他肌肉那样收缩，但无法拉抻。

仔细观察可以发现，在两片贝壳的结合处有一条黑色物体，那是韧带。韧带的功能是令贝壳张开，而闭壳肌负责令它闭合。

◎ 观察贝壳吐沙子

我们在吃贝类之前会先让它们把沙子吐出来。不妨好好观察一下这个过程。

你会看到两根管状物从贝壳里伸出来，那是贝的入水管和出水管。通过吸水，贝将水中的浮游生物吸入体内，从中摄取养分。在入水管与出水管的另一侧，贝会伸出好像舌头的东西，那是贝的"脚"。这只脚算不上灵活，其功能是把自己插进沙子里，然后通过膨胀和收缩脚的前端，使贝藏进沙子里。

贝壳张开后，可以在外侧看到名为外套膜的褶皱状的膜。外套膜的功能是分泌出构成贝壳的成分，让贝壳越长越大。

◎ 死了的贝不能吃

让蛤蜊吐沙子的窍门是把蛤蜊放在浓度为 3％的盐水里（100 毫升水里放 3 克盐，浓度与海水相当）。蛤蜊是夜行动物，所以需要用遮光布把它们罩起来。这样经过 3~6 小时，沙子就吐干净了。

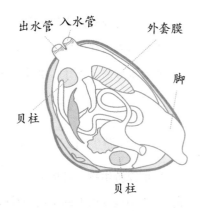

另外，如果吐沙子和加热都不能使贝壳张开，或者从一开始贝壳就是紧闭的，那么很可能这只贝已经死了。死了的贝是不能吃的。

特别是死后开始腐败的贝，会散发出刺鼻的气味。这样的贝可能是有毒的，需要小心。贝毒的耐热性强，即使经过烹调也无法完全除去。

54 水母: 为何在中元节的时候大量出现

拥有梦幻身姿的水母是水族馆里的宠儿。水母在水中翩翩起舞的样子能治愈人心,但若在海边游泳时被它们蜇到会很麻烦。为什么水母伤人事件大多发生在8月呢?

◎ 水母是浮游生物

所谓浮游生物,是指生活在水中却几乎无法靠自己移动,只能漂浮在水中或水面上的生物的总称。水母就是一种浮游生物。

浮游生物不是按照体形大小来归类的,而是按照生活状态来归类的,因此它们可以很大也可以很小。绝大多数浮游生物的大小都在几微米或几毫米,但其中也有像某些水母那样超过1米的大家伙。水母的大小也可以千差万别,世界上最小的伊鲁坎吉水母只有5毫米,最大的北极霞水母则能长到2.5米。

◎ 身体中95%是水

水母的身体和我们的很不一样。我们的身体里大约60%是水,水母的身体则95%都是水。

水母没有大脑,也没有心脏、血管和血液(不只是水母,真涡虫、海星和海胆也是这样)。水母和人类共有的器官是嘴和胃(水母的嘴同时也是它们的肛门)。食物经由水母的嘴进入胃腔,在那里被消化。

日本最常见的水母是海月水母。海月水母的伞盖里有一个四叶草形的结构，那四个可爱的圆圈是水母的生殖腺，生殖腺内侧是胃。养分通过副水管和环状管被输送到身体各处。

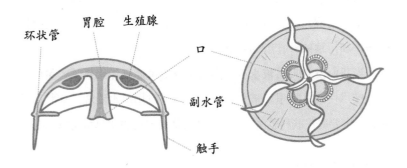

环状管　胃腔　生殖腺

口

副水管

触手

◎ 8 月是雄性与雌性邂逅的季节

水母的主要食物是浮游生物和小鱼。天气转暖以后，浮游生物多了起来，水母也因为食物丰富而越长越大。等到 8 月前后，温暖的海水里就可以清楚地看到大个的水母了。[①]

每年这个时候，雄性水母和雌性水母在海面上相遇，进行有性繁殖后由雌性负责抱卵。入秋后，新孵化的小生命会移动到海底，附着在岩石上，以水螅的形态开始进行无性繁殖，直到第二年初春时重新回归浮游生活。这便是海月水母和箱水母会集中出现在 8 月的原因。

箱水母、僧帽水母、黄金水母和波布水母，这几种水母的毒性

---

① 日本各地自古以来流传着"中元节不下海"的说法。这里的中元节指旧历中元节，即阳历的 7 月中旬。从立秋前 18 天起，晴天时海上常有大浪，使得在近海活动时被水母刺伤的概率大大上升，于是便有了那句让人引以为戒的话。

很强，被蜇到以后会有触电般的剧烈刺痛，并在皮肤上浮现出红色"鞭痕"，严重时可致人死亡。[①]

水母的伞盖内侧和触手表面分布着刺细胞，刺细胞里有一根刺针，当刺细胞受到刺激，带毒的刺针就会伸出体表。以毒性中等的海月水母为例，被它蜇到后皮肤表面会起水疱并出现红点，同时伴有瘙痒和持续的针扎般的刺痛。

当我们发觉自己被水母蜇到时，身边可能已经聚集了大量的水母，应尽快离开那里。被蜇到的地方应及时用海水清洗。症状严重时，一定要去皮肤科就医，并明确告知医生自己被水母蜇伤的情况。

◎ 稀世美味海蜇皮

水母的身体虽然95%以上是水，但余下的部分是优质的蛋白质。海蜇就是一种典型的可食用水母。将海蜇晒干后用盐腌制，吃的时候再将干货泡发，顺带也除去了盐分。海蜇皮嚼起来咯吱咯吱的，口感很棒。

[①] 僧帽水母和黄金水母通常在5—6月出现。在冲绳县经常蜇人的波布水母，大多在5—10月出现。

55 沙丁鱼：为什么"弱小"的沙丁鱼可以辟邪

> 沙丁鱼是自古以来和日本人关系最密切的一种鱼，它是人们重要的蛋白质来源。由于捕捞量浮动较大，沙丁鱼时而是"大众鱼"，时而是"高级鱼"。

◎ 百姓重要的蛋白质来源

我们通常所说的沙丁鱼，是斑点沙丁鱼、片口沙丁鱼和脂眼沙丁鱼①这三种鱼的总称。其中具代表性的是斑点沙丁鱼。斑点沙丁鱼的食用方式广泛，可以盐烤、炖煮、风干，也可以制成加工食品。

据记载，日本沙丁鱼的捕捞巅峰出现在 1988 年，捕捞量约 450 万吨，占当年日本总捕捞量的四成。捕捞量在那之后急剧减少，2005 年降至 2.8 万吨。如今这个数字已有所回升（2016 年约为 37 万吨）。

◎ "白子"是沙丁鱼的幼苗

"白子"是片口沙丁鱼、斑点沙丁鱼和脂眼沙丁鱼的幼苗的总称。

沙丁鱼产卵后 3 天，鱼卵便孵化成幼鱼。起初是带着卵黄一起

---

① 关于片口沙丁鱼和脂眼沙丁鱼的名称由来：片口沙丁鱼下颚较短，上颚突出，嘴部形状仿佛偏向一侧；脂眼沙丁鱼则是因为眼睛上覆盖着一层脂肪膜。

游动，卵黄消失后开始进食，并结成大群。这个时期的幼鱼被称为白子。幼鱼身体透明，偏白色，眼睛很大，行动机敏。

捕捞上来的白子被人们当作食材，根据地区和干燥程度的差异有多种不同的叫法。在盐水里煮过的白子，含八成水分的是"煮白子"；经晾晒后含七成水分的是"白子干"；水分不足五成的是"绉布杂鱼"。绉布杂鱼的口感要比煮白子和白子干硬。

◎ 沙丁鱼能辟邪除魔？

说到春分节（立春前一天，日本的民俗节日），一般人想到的可能是撒豆子和卷寿司，其实有不少家庭在这一天有吃烤沙丁鱼的习惯。

人们认为沙丁鱼的独特气味（臭味）可以驱鬼，一些地方会用柊树枝刺穿沙丁鱼的头制成辟邪的装饰物。这种饰物叫"柊鰯"，曾被记录在平安时代（794—1192）的《土佐日记》中，是一种古来的风俗。

沙丁鱼在日语中的语源有"弱小""卑微"之意，因此吃下弱小卑微的沙丁鱼被认为可以去除阴气。

现实中的沙丁鱼也确实是一种"弱小"的鱼。被打捞上来的沙丁鱼不但会很快死掉，腐败的速度也很快。沙丁鱼还是众多食肉鱼类的捕食对象。说沙丁鱼因此而得名也不是没有道理的。

为了保护自己，数千只乃至数万只的沙丁鱼聚集在一起，昼夜不停地游动着。它们的食物是海洋里的浮游生物。

56 秋刀鱼：吃了真会变聪明吗

说起秋天里正当吃的秋刀鱼，肉厚膘肥抹上盐烤很好吃。可惜近年来捕捞状况持续不佳，秋刀鱼价格居高不下，成了名副其实的"高级鱼"。

◎ 形态特征及生态

秋刀鱼身体细长，上下颚像鸟喙一样突出；背鳍和臀鳍后方有许多小鳍，全长在 40 厘米左右。

摆上店头的秋刀鱼身体光滑几乎无鳞，但是你知道吗？它们生前在海里游动的时候身上布满了漂亮细小的鳞片。秋刀鱼的鳞很薄，容易剥落，被捕捞上来的时候大量秋刀鱼在网中互相剐蹭，鳞片就差不多掉光了。

秋刀鱼属洄游鱼类，洄游海域广阔，覆盖了鄂霍次克海、北太平洋、日本海及中国东海。在日本近海的太平洋沿岸和日本海沿岸等南方温暖海域中，秋刀鱼从鱼卵孵化成鱼苗，之后一边成长一边北上，进入秋季后再返回南方产卵。夏季的秋刀鱼脂肪含量不高，8 月时只有约 10%，10—11 月达到 20%，产卵后锐减至 5%。秋刀鱼的寿命约为两年，每一年都会加入上述的洄游队伍。

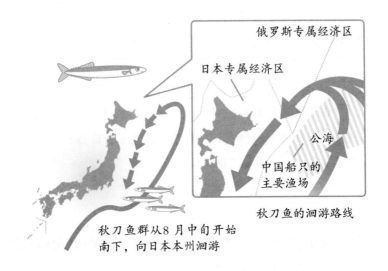

秋刀鱼群从8月中旬开始
南下，向日本本州洄游

秋刀鱼的洄游路线与公海上的渔场

◎ 富含DHA的秋刀鱼

秋刀鱼富含蛋白质和脂肪，其脂肪中含有对健康有益的二十二碳六烯酸（DHA），暗红色的鱼肉中还含有大量维生素B_2和维生素D。

DHA是一种不饱和脂肪酸，存在于金枪鱼、沙丁鱼、青花鱼、秋刀鱼等鱼类中，因为具有提升学习能力的功效而备受人们追捧。不过这种说法是没有明确根据的。虽说推荐每人每天摄入1~1.7克，但其实只要正常食用以上几种鱼类——比如吃半条青花鱼——摄入量便已达到1.7克，所以是不需要额外吃补充剂的。另一方面，一些指定保健食品中含有DHA，是因为DHA还具有降低血液中中性脂肪值的作用。

◎ 捕捞量下降的原因

近年来，（日本）国内的秋刀鱼捕捞持续走低，秋刀鱼价格居高不下。

2013 年的秋刀鱼捕捞量为 14.8 万吨，2014 年回升至 22.5 万吨，随后在 2015 年骤减至 11 万吨。2017 年的 7.7 万吨为过去 48 年来的历史最低。

捕捞量锐减的原因被认为是日本近海的洋流变化。此外，外国渔船加大在公海捕捞秋刀鱼的力度也被认为是原因之一。

目前，中国大陆的捕捞量也在迅速增长中。这一现象的背后，可能是国外游客以来日本旅行为契机，了解了秋刀鱼的美味及其对健康的益处，从而使秋刀鱼声名远扬。

另一方面，日本捕捞业者的高龄化，以及后继无人的现状，也使捕捞难的问题雪上加霜。

57 鲑鱼：鲑鱼是红肉鱼还是白肉鱼？

> 北海道是捕捞鲑鱼的胜地，同时也是养殖鲑鱼的产地。在回转寿司店里颇受欢迎的鲑鱼，究竟拥有怎样的秘密呢？

◎ 秋天洄游的鲑鱼是大马哈鱼

在秋天逆流而上的鲑鱼，是鲑鱼中的一种，也就是我们平时所说的大马哈鱼。大马哈鱼通常会在海里长到4岁，然后回到河里产卵，而对于那些由于种种原因无法准时归来的大马哈鱼，人们为它们起了不同的名字。

时鲑——洄游范围较近，在鄂霍次克海附近生活的大马哈鱼被称为时鲑。由于尚未做好产卵准备，鱼肉中脂肪含量较高。

鲑儿——仅在海里生活了1~2年，就混在其他洄游鱼群中归来的大马哈鱼。精巢和卵巢尚未成熟，因此脂肪含量是同类中最高的，被誉为鲑鱼中的极品。

银毛——洄游至淡水水域附近的大马哈鱼通常会显现出"婚姻色"（处在繁殖期的雄性，全身及腹部的体色会变成红色），并因此被称为山毛榉（因颜色与树皮相似而得名）。而那些身体颜色亮丽如初，没有显现出婚姻色的大马哈鱼，被称为银毛。

山毛榉——已做好产卵准备，呈婚姻色的大马哈鱼。进入这一生命阶段后，原本存在于肌肉中的虾红素开始转移，雄性体现在肤色上，雌性体现在鱼卵（鲑鱼子）上。之后鱼肉褪去红色，美味程度也有所下降。

◎ 回转寿司中的三文鱼

鲑鱼的英语是"salmon"（三文鱼），还有一种叫法是"trout salmon"。但其实"trout"是鳟鱼，比如"rainbow trout"就是虹鳟鱼。

这样说来，回转寿司店里的salmon（三文鱼），到底是鲑鱼还是鳟鱼呢？

洄游到日本的鲑鱼属于太平洋鲑鱼，它们为了产卵逆流而上，并会在产卵后死去。

而在大西洋，还存在着另一个鲑鱼群体——大西洋鲑鱼。大西洋鲑鱼在产卵后会重新回到海里，而且体形还会不断长大。我们在回转寿司店里吃到的三文鱼，其实是人工饲养的大西洋鲑鱼和虹鳟鱼。

野生鲑鱼体内普遍寄生着诸如异尖线虫的寄生虫，而人工养殖的大西洋鲑鱼和虹鳟鱼由于采取了种种措施，是没有寄生虫的，可以放心食用。

◎ 鲑鱼是白肉鱼

鱼类根据肌肉中血色素（肌红蛋白）含量的多寡，可分为"红肉鱼"和"白肉鱼"。鲑鱼和鲽鱼、比目鱼、鲷鱼一样，属白肉鱼。

前文提到的影响大马哈鱼身体颜色的虾红素，是磷虾和虾等甲壳动物中含有的色素。鲑鱼捕食这些生物后，虾红素便积聚在了鲑鱼的肌肉中。

因此，如果在养殖中没有投喂含虾红素的食饵，鲑鱼的肉质就会是白色。

58 鳗鱼：从马里亚纳海域远道而来

> 身体光滑细长的鳗鱼自古以来就是日本人熟悉的食用鱼。近年来随着稚鱼（白子鳗）捕捞量的急剧减少，人们开始担心鳗鱼会在不远的将来灭绝。

◎ 日本的鳗鱼

日本人长久以来吃的鳗鱼是日本鳗。日本鳗的体长一般在40～50厘米，偶尔有超过1米的个体，特征为身体细长呈圆筒形，且没有腹鳍。日本鳗的背鳍、尾鳍和臀鳍是连在一起的，鳞片细小呈椭圆形，埋在皮下。除日本鳗外，在日本还生息着一种鲈鳗，鲈鳗的全长可达2米。

◎ 鳗鱼的生态充满谜团

鳗鱼出生在海里，却游来河川和湖泊中生活，之后又返回大海产卵。

长久以来，鳗鱼的产卵场不为人知晓，直到21世纪以后人们终于发现了那个地方——距离日本有2500千米之遥的太平洋马里亚纳海域附近。[①]鳗鱼就是在那片极窄的海域里，而且只在春夏两季的新

---

① 发现者为日本东京大学大气海洋研究所与独立行政法人水产综合研究中心组成的团队。该团队于1991年采集到鳗鱼幼鱼，于2005年采集到孵化后两天的仔鱼，进而于2008年首次捕获到鳗鱼亲鱼，并以此推算出亲鱼的产卵场及产卵时间，最终找到了鱼卵。

月之夜产下后代。鱼卵在那里孵化成透明的仔鱼，之后在洄游太平洋的过程中变化成俗称白子鳗的稚鱼，继续向东亚近海前进。

白子鳗身体透明，会沿河逆流而上，之后在河流湖泊中生活5～10年，成长为我们熟悉的食用鳗鱼。

成熟后的鳗鱼会沿着河流游向大海。不难想象，它们将洄游太平洋，重返马里亚纳海域的产卵场，只是对于这趟旅程的具体细节我们仍知之甚少。

③ 在河流、湖泊与近海中成长为鳗鱼

白子鳗的捕捞区域

② 一边成长一边顺洋流前往日本近海

日本暖流

④ 南下产卵

北赤道暖流　产卵地

① 在马里亚纳诸岛附近产卵

◎ 逐渐成为濒危物种

一直以来，我们都是通过人工饲养捕捞到的白子鳗，来获得食用鳗鱼的。但是如今，白子鳗的捕捞量正在锐减。这是因为鳗鱼消费量最大的日本人，正在将鳗鱼逼到濒临灭绝的地步。

如果任由事态发展，将来恐怕就再也吃不到蒲烧鳗鱼了。①

白子鳗捕捞困难的原因，被认为是过度捕捞和成鱼生存水域的污染。此外，也有可能是海洋环境的变化，使得产卵场和白子鳗的洄游路线发生了改变。

但若从大环境出发，这一现象的背后是日本人对鳗鱼的过度消费。在过去，鳗鱼基本上只能以高价，在专门制作鳗鱼的料理店吃到，因此日本国内的鳗鱼消费类一直相对稳定。然而在 2000 年前后，大型超市开始以低价销售袋装的蒲烧鳗鱼，鳗鱼自此被视为平价食材，消费量大幅上升。

◎ 鳗鱼的完全养殖

既然如此，不如人为地让鳗鱼产卵，然后用鱼卵人工养育出白子鳗 —— 只要去发展完全养殖技术不就好了吗？

相关的研究的确正在进行中②，不过就现状而言，目前市场上尚不存在人工繁殖的白子鳗。如果想要大量繁殖鳗鱼，目前仍有许多问题需要攻克，比如饲料问题、仔鱼抗菌能力弱的问题等等。希望有朝一日我们可以大量饲养人工繁殖出的白子鳗。

◎ 土用丑日③为什么要吃鳗鱼

鳗鱼的营养价值很高，干烤鳗鱼的蛋白质含量为 20.7%，蒲烧

---

① 世界自然保护联盟（IUCN）已于 2014 年将日本鳗指定为濒危物种。1960 时，日本国内的白子鳗苗捕捞量约为 200 吨，2013 年时跌落至历史最低的 5 吨，近几年在 15 吨左右。
② 2010 年 4 月，日本独立行政法人水产综合研究中心已在实验中成功实现了鳗鱼的完全养殖。
③ 土用丑日是日本本土节气。"土用"源于中国古代历法中的"阴阳五行"，春、夏、秋、冬的五行分别为木、火、金、水，而土则藏于四季之中，季节在交替结束前的 18 天，被称为"土用"。

鳗鱼的蛋白质含量高达23%。鳗鱼还富含维生素A。

过去有种说法，"为抵御酷暑，在土用丑日这天吃鳗鱼可以补充精力"。但是一般来说，最适合吃鳗鱼的时候应该是在秋末和冬天。

土用丑日吃鳗鱼的风俗起源于江户时代。当时有位名叫平贺源内的发明家，传说此人看到街上的鳗鱼店生意惨淡想要帮忙，于是想出了"土用丑日，应吃鳗鱼"这句宣传语。

◎　鳗鱼和梅干不能一起吃

过去常能听到这样的说法：某某食物和某某食物是不能一起吃的。实际上，这类说法当中有不少是缺乏科学依据的歪理邪说，"鳗鱼和梅干"就是其中之一。

在这些不当的食物搭配中，鳗鱼、鲶鱼、鲤鱼等河鱼被点名的次数颇多。至于原因，想必是这些河鱼容易腐败，在没有冰箱的过去，人们吃河鱼经常吃坏肚子吧。但是不论怎么想，同时吃梅干应该都不会使症状变得更糟才对。

关于鳗鱼和梅干，另一种说法是：鳗鱼和梅干一起吃实在太好吃了，因为停不下来所以才吃坏了肚子。

◎　鳗鱼味儿的鲶鱼已经在路上了

日本近畿大学目前正在进行的一项研究，其研究目的为开发出与鳗鱼味道相似的食物。该项研究的阶段性成果是一道名叫"近大鲶鱼"的料理（最终目标是做出鳗鱼味儿的鲶鱼），但是据吃过的人说，这道料理的味道与其说像鳗鱼，不如说更像秋刀鱼。研究团队目前正在尽全力对该料理进行改良。

59 螃蟹：蟹黄不是螃蟹的脑子，而是内脏

日本有三大螃蟹：咬起来很有口感的阿拉斯加帝王蟹、被打上了奢侈品标签的雪蟹，以及拥有美味蟹黄的毛蟹。

◎ 帝王蟹有一对脚缩在壳里

日本的三大螃蟹可分成两类。

毛蟹和雪蟹属于十足目的短尾下目（螃蟹），它们的腿包括钳子在内一共有十条。帝王蟹属于十足目的异尾下目（寄居蟹），从外表看算上钳子也只有八条腿。事实上，帝王蟹最下面的一对脚是缩在甲壳里的（所有寄居蟹都是这样），下次吃帝王蟹的时候可以好好观察一下。

◎ 蒸螃蟹时会变红的色素

螃蟹的壳里含有一种与蛋白质结合在一起的色素——虾红素。蒸螃蟹的时候，蛋白质被高温破坏，虾红素就显现出了其原本的红色。在一这点上，虾和螃蟹是一样的。

前文在讲鲑鱼的时候曾提到，鲑鱼漂亮的粉红色也是源于虾红素。那是鲑鱼捕食的海洋生物中的色素显现了出来。

◎ 缺氧时会吐泡

我们有时候能看到螃蟹吐泡，可螃蟹是用鳃呼吸的，为什么会从嘴里吐出泡泡呢？

吐出泡泡，说明螃蟹已处于缺氧的危急状态。

螃蟹的鳃和鱼类的不同，像海绵一样，可以存储水分。螃蟹在陆地上活动时，鳃会因失水而变得干燥，这时候，螃蟹就会从嘴里吐出水来，这些水在吸收了空气中的氧气后重新流进鳃里，供螃蟹呼吸。在这一过程中，螃蟹吐出的水的黏度会增加，于是就产生了泡泡。

◎ 蟹黄不是螃蟹的脑子

蟹黄并不是螃蟹的脑子，而是它们的中肠腺。螃蟹的中肠腺相当于人类的肝脏和脾脏，既可以分泌消化酶，也可以储存养分。中肠腺里的脂类含量会在产卵前达到最大，这意味着不同时期的蟹黄的味道和量都是不一样的。

三种螃蟹的区别

雪蟹	毛蟹	帝王蟹
短尾下目（螃蟹）	短尾下目（螃蟹）	异尾下目（寄居蟹）
价格高昂的名牌货。公螃蟹的品牌是"松叶蟹"，母螃蟹的是"越前蟹"	个头小，肉也少	螃蟹中的帝王，个头有时能超过1米
肉质细腻带甜味，蟹黄也好吃	蟹黄是所有螃蟹中最好吃的	肉的滋味不浓，但肉质有弹性，口感一流；蟹黄不怎么好吃（一般不吃）

60 河豚：河豚的毒性超过氰化钾1000倍吗

> 河豚刺身和河豚火锅是高级料理。河豚的骨头从日本各地的贝冢中出土，可见日本人自古就有吃河豚的习惯。河豚的肝脏和卵巢有剧毒，制作河豚料理必须具备相应的资格。

◎ 小嘴巴吹出大肚子

河豚长着一张小嘴，向外噘着，里面是锋利的牙齿。当遭遇外敌袭击或被人类钓上来的时候，河豚会把空气和水吸入食道里的袋状气囊，让肚子鼓成一个球——人们对河豚印象最深的就是它们的这副模样了。

◎ 河豚毒素无药可救

河豚料理使用的河豚有很多种，例如虎河豚（红鳍东方鲀）、彼岸河豚（豹纹多纪鲀）、真河豚（紫色多纪鲀）、兔头鲀。虎河豚是最美味的，人工养殖的就是这种河豚。

这些河豚只有兔头鲀（白兔头鲀）是无毒的，其余几种的肝脏和卵巢都含有河豚毒素。

河豚毒素存在于河豚的肝脏和卵巢等内脏中，而有的还可能存在于皮肤和肌肉里。河豚毒素有剧毒，其毒性据说超过氰化钾

1000 倍①，而且无法通过加热破坏。这种毒素原本由海洋细菌创造，由于细菌被海螺和海星所食，海螺和海星又被河豚所食，毒素经过生物浓缩，最终积聚在河豚体内。有学说认为，河豚的毒素不仅可以用于自卫，还可以充当信息素吸引雄性河豚。即使在人工养殖环境下，投喂混有河豚毒素的饲料也可以起到提高河豚成活率的作用。河豚毒素对于河豚来说是一种不可或缺的物质。

但是对人类来说，河豚毒素是一种可以迅速致命的毒药。从误食毒素到死亡，通常只需 4~6 小时。而且由于不存在有效的解药，发病后的致死率极高。

中毒的症状与经过

1. 食入后 20 分钟至 3 个小时，口唇、舌尖、指端开始麻痹。其间伴有头痛、腹痛等症状，并可能呕吐不止。开始出现步态不稳。

2. 不久后出现知觉麻木、语言障碍、呼吸困难和血压下降的症状。

3. 之后全身完全运动麻痹，连指端也无法活动。

4. 中毒者保持意识清醒至临终前。意识消失后，呼吸、心跳很快停止，中毒者死亡。

对于普通人来说，想要辨别河豚的种类以及毒素的所在部位是不可能的。

例如在 2017 年 12 月，曾有过一则"食用自钓河豚导致食物中

---

① 不同种类的河豚，毒素含量是不同的。毒素含量还与季节有关。

毒"的新闻。当事人将钓到的箱河豚在自家烘烤后食用，出现了全身肌肉剧烈疼痛的食物中毒症状。

事实上，箱河豚是没有河豚毒素的。从箱河豚的皮肤分泌出的是一种名叫"岩沙海葵毒素"的神经毒素。此外，箱河豚的肝脏中还含有毒性与岩沙海葵毒素相似的类岩沙海葵毒素。

由类岩沙海葵毒素引起的食物中毒，通常发生在食入后的12～24小时，症状表现为伴随有剧烈肌肉疼痛的呼吸困难和痉挛，严重的话有致死的危险。

◎ 河豚刺身为什么很薄

老话说："吃河豚太鲁莽，不吃河豚也鲁莽。"这句话的意思是说，河豚是有毒的，如果不顾后果去吃就太鲁莽了，但如果因为它有毒就不去吃这道美味，也是可惜的。

想吃河豚的时候，一定要去找具备"河豚料理师"资质的厨师来为我们料理这道美味。

说到河豚刺身，想必很多人都会想起一个大盘子，上面铺满了切得很薄的刺身。可是河豚肉为什么一定要片成薄片呢？这是因为生河豚肉的肉质非常紧，想要切得有厚度是很困难的。

如果打算细细品味河豚的鲜味，这样的厚度其实刚刚好。

61 乌贼、章鱼：章鱼的墨汁为什么不能用来做菜

> 章鱼有八条腿，乌贼有十条腿。作为常见的海产品，这两种生物有许多相似之处，比如它们都可以用来制作料理，都可以吐出墨汁和令身体变色。

◎ 形态不同，但同宗同源

乌贼和章鱼的身体柔软，没有骨骼。这样的动物叫作软体动物[①]。金鱼贼的同胞拥有被称为"内壳"的一大块硬质内骨，但那其实不是骨头，而是类似贝壳的东西。

◎ 乌贼和章鱼是头足类

在所有软体动物中，乌贼和章鱼的同胞被称为头足类。头足类，顾名思义就是头上长腿的生物。头足类的头部有大脑和眼睛，腿的根部是嘴巴，里面有一组牙齿。捕猎时，头足类会张开自己的腿，利用腿上的吸盘抓住猎物，送进嘴里。

乌贼的腿和章鱼的腿并不像。章鱼的腿上到处是由肌肉组成的吸盘，乌贼的腿上则长满了甲壳质的利齿。另外，在乌贼的十条腿

---

① 蛤蜊等双壳贝类也属于软体动物。

中，有两条明显更长，那是乌贼用来捕猎的腕足。

◎ 变色能手

头足类的皮肤中含有三层色素单元，分别是色素细胞、虹色素胞和白色素胞。

乌贼可以利用"虹色素胞"反射光线，瞬间改变身体的颜色。

而章鱼可以通过拉伸肌肉，使小囊状的色素细胞扩张，从而使身体变红，或者反之放松肌肉，使色素细胞收缩，减少红色的面积，以此达到变色的目的。

◎ 乌贼有墨汁，章鱼有吗

乌贼的墨汁（墨鱼汁）可以用来做菜，但是没听说过有人用章鱼的墨汁做菜。在人们的印象中，章鱼也是可以喷出墨汁的。区别在哪里呢?

不论是乌贼还是章鱼，遭到敌人袭击时都会吐出墨汁。

章鱼的墨汁像烟雾一样，扩散在水中，用于遮蔽敌人的视线。相比之下，乌贼的墨汁黏性很高，喷出来以后是凝聚的一团，敌人误以为墨汁才是乌贼，于是去袭击墨汁，乌贼就趁机逃走了。

有人说"章鱼的墨汁太淡了，不好吃"，其实没这回事。章鱼的墨汁无法用来做菜的最大原因是"难以回收"。乌贼的墨汁就储存在乌贼的墨囊里，紧挨着肝脏，很容易到手。但章鱼的墨汁埋藏在内脏里，而且量很少，提取起来并不容易。或许是物以稀为贵吧，有人说章鱼的墨汁更美味。

62 青甘鱼：每长大一圈名字都会变的鱼

脂肪丰厚的青甘鱼自古以来为日本人所熟悉。[①]青甘鱼白萝卜、照烧青甘鱼、炸青甘鱼皮、青甘鱼刺身，用青甘鱼做成的料理是日常配餐中必不可少的佳肴。

◎ 青甘鱼为什么好吃

青甘鱼的美味源于一种名叫组氨酸的氨基酸，这种氨基酸在青甘鱼肉中的含量比其他鱼多。而且相比刚钓上来的时候，放置一段时候后组氨酸的含量会更高。

青甘鱼肉还富含蛋白质、脂肪、维生素B_1、维生素B_2等营养物质。

◎ 名字会随着体形的变大而变化

青甘鱼是在日本近海能够捕到的体形最大的鱼，体长可达1.5米。作为出世鱼[②]，青甘鱼在不同的成长阶段拥有不同的名字，而且在不同地区的叫法还不尽相同。

总的来说，当体长超过80厘米以后就是名副其实的"青甘鱼"了，这个叫法在日本全国都是通用的。而在部分地区，即使体

---

① 目前，在中国南方地区也开始试养青甘鱼。

② 出世鱼，即会出人头地的鱼。每年在固定时期捕捞上来的青甘鱼都会长大一圈，仿佛书生考取功名后衣锦还乡一般，因此得名。

长不够 80 厘米，体重能达到 8 千克（关西地区为 6 千克）的话，也可以被称为"青甘鱼"。

另外，为了流通上的方便，有时候不分大小，统一将人工养殖的青甘鱼称为"鲏"（通常指 40 ~ 60 厘米的青甘鱼），将天然的青甘鱼称为"鰤"（青甘鱼的学名）。

◎ 冬天的时令鱼"寒青甘"

青甘鱼属温带洄游鱼，它们在春夏之际尾随沙丁鱼北上，进入冬季后再南下产卵。为产卵南下的青甘鱼脂肪丰厚，是冬季的时令鱼，因此被称为"寒青甘"。

◎ 人工养殖方法的改良带来品质的提升

人工养殖的青甘鱼，是随着春季的漂流海藻被捕捞上来的青甘鱼的鱼苗。鱼苗的育肥期通常为 2 年。

过去，人们在内海湾里用木排围出一片区域，用小鱼当饲料养殖青甘鱼。但是这种方法存在弊端。一来青甘鱼会受到赤潮侵害，二来吃剩的饲料会在海底形成淤泥状堆积，令水质恶化。

如今，青甘鱼的养殖场被移到了外海湾，饲料成分也有所改良，人工养殖青甘鱼的品质有望达到天然水准。

63 金枪鱼：万一资源枯竭，将来就吃不到了

> 日本是世界最大的金枪鱼捕捞国和出口国。在日本的任何地方都能买到和吃到的这种鱼，如今正面临资源枯竭的危机。①

◎ 处在海洋食物链顶点的食肉鱼

在全世界的海洋鱼类中，金枪鱼属于特大级的食肉鱼，它们的体长视品种而定可达 2~3 米。

经常被端上餐桌的金枪鱼，主要有太平洋蓝鳍金枪鱼、南方蓝鳍金枪鱼、黄鳍金枪鱼、大眼金枪鱼和长鳍金枪鱼。

金枪鱼中最具代表性的品种是太平洋蓝鳍金枪鱼，大型的太平洋蓝鳍金枪鱼的体长可超过 2 米。这种金枪鱼被视为金枪鱼中的王者，在市场流通中也叫"本金枪鱼"。

下面让我们来比较一下太平洋蓝鳍金枪鱼（下文简称金枪鱼）与沙丁鱼的产卵数量。

每条金枪鱼每年可产下 100 万~1000 万个卵，相比之下，作为金枪鱼的食物而存在的沙丁鱼，每年只能产下大约 10 万个卵。

---

① 根据研究北太平洋金枪鱼资源的北太平洋金枪鱼类国际科学委员会（ISC）于 2016 年 7 月发布的数据，目前太平洋蓝鳍金枪鱼的资源量已减少至尚未捕捞时期的 2.6%。太平洋蓝鳍金枪鱼已几乎被捕捞殆尽。

这是为什么呢？

金枪鱼会在热带和亚热带的海水中产卵，产下的卵会漂浮在海面上。不过，在洋流影响下，不适宜的水温和海水盐浓度有时会杀死鱼卵，而幼鱼可能因浮游生物匮乏被饿死，还有可能被同类或大鱼吃掉。即使是像金枪鱼这种彪悍的大鱼，绝大多数个体也是死在了成年以前。在鱼卵和幼鱼的阶段，金枪鱼和沙丁鱼是一样脆弱的。

但是，沙丁鱼很快就能长成成鱼，形成集团，金枪鱼的成长速度却缓慢得多。像沙丁鱼这种小型鱼的数量成长速度，是金枪鱼等大型食肉鱼的近 10 倍，因此即使沙丁鱼是被吃的一方，即使它们的卵远比金枪鱼的少，也不会灭绝。

◎ **全球首例金枪鱼完全养殖实验成功**

如果说有哪种鱼将来会因为资源枯竭而再也吃不到了，金枪鱼肯定首当其冲，毕竟过度捕捞的状况从未停止过。

如此情况下，金枪鱼的完全养殖技术备受瞩目。目前，日本近畿大学在全球首例金枪鱼完全养殖实验中取得了成功。

相较于捕捞幼鱼和稚鱼进行饲养的方式，完全养殖的核心在于从亲鱼体内采集鱼卵，并将鱼卵重新养育成亲鱼。目前，这项技术仍有许多课题亟待解决。

课题之一是成活率。从采集到的鱼卵孵化出幼鱼，并且成长到能够在海上鱼塘饲养的程度，成活率仅为 3%，而最终能走向市场的成鱼，只占全体的 1%。①

另一个问题是饲料。鱼吃下去的饲料并不会全部转化为自身的肉质。通常这个比例是 10∶1，即体重的增加量是进食量的十分之一，其余那九成食物的能量，在呼吸等生命活动中被消耗掉了。

但是对金枪鱼来说，这个比例是 15∶1。换句话说，要想让金枪鱼的体重增加 1 千克，就必须喂给它 15 千克的饲料（青花鱼、脂眼沙丁鱼、竹荚鱼、障泥乌贼等海产品的生肉）。

针对这个问题，近畿大学正在尝试以鱼粉为基础原料，开发多种适合金枪鱼的配合饲料。

◎ 鱼肉的颜色与"Sea Chicken"

金枪鱼肉的颜色因品种而异，太平洋蓝鳍金枪鱼和南方蓝鳍金枪鱼的肉为深红色，黄鳍金枪鱼是红色，长鳍金枪鱼是白色。

长鳍金枪鱼白色、松软的肉质不适合做成刺身，因此主要被加工成了金枪鱼罐头。

"Sea Chicken"是坐落在日本静冈县的"羽衣食品"的注册商标，该品牌的金枪鱼罐头在日本同类产品中占据了 50％以上的市场份额。"Sea Chicken"所使用的鱼肉包括长鳍金枪鱼（高级罐头，标记为white meat）、黄鳍金枪鱼和鲣鱼（普通罐头，标记为 light meat）。

_____

① 人工养殖的真鲷在这一阶段的成活率为 70％，间八（高体鰤）为 30％，可见金枪鱼的成活率之低。

Column

专栏4　食物链和生物之间的联系

　　我们需要靠吃其他生物活下去，其他生物当然也是一样。这种存在于生物之间的无法割舍的"吃与被吃"的关系，叫作食物链或食物网。

　　这种联系不仅仅止于"吃与被吃"，其中还蕴藏着引发诸多问题的可能性。事实上，在过去就曾因此发生过严峻的问题。

　　不论是在陆地上还是在水中，食物链的起点都是植物。植物被食草动物所食，食草动物又被食肉动物所食。

　　以人们爱吃的金枪鱼为例，它和其他生物之间存在着怎样的联系呢？金枪鱼的捕食对象是青花鱼等中型食肉鱼类。青花鱼靠吃比它体形小的沙丁鱼为生，沙丁鱼吃浮游动物，浮游动物又吃浮游植物。

　　假设，部分浮游植物是有毒的。这些毒素会通过进食行为传递给以它为食的动物，并对其造成影响。问题在于，毒性并非仅仅被传递下去，而是会在食物链中逐级增加浓度。这种现象被称为生物浓缩。

　　水俣病就是一种典型的会在食物链中逐级增强毒性的疾病。名为甲基汞的物质在食物链中不断浓缩，最终使以鱼类为食的人类发病。政府相关网站会提供各种大型鱼类的安全摄入量，希望各位读者，特别是怀孕的女性，都能够了解一下。

第五章

我们人类

64 数量一再增加的人类

◎ 不断增长的世界人口

我们"人"类和地球上的其他生物不同，是"智人"唯一现存物种。在分类学上，智人是属于灵长目类人猿亚目人科人属的动物。

也许你会有这样的疑问：目前地球上有多少人类呢？今后世界人口会怎样变化呢？

根据联合国经济社会理事会于 2017 年 6 月发布的世界人口推算数据，目前，全世界约有人口 76 亿，世界人口的增长速度约为每年 8300 万人。

如此发展下去，世界人口有望在 2030 年达到 80 亿，进而在 2050 年达到 98 亿。

到 2024 年时，印度将超越中国成为世界上人口最多的国家。

目前以 1 亿 2700 万人排在第 11 位的日本，预计到 2100 年人口将下降至 8500 万，排在第 29 位。

◎ 曾经存在过的其他人类

大约在 700 万年前，最古老的人类从人类与黑猩猩的共同祖先分化出来，之后又经历了早期猿人、晚期猿人（直立人）、早期智人、晚期智人等几个阶段，最终进化成了现在的人类。

智人最早诞生于 20 万年前的非洲，在大约 6 万年前迁徙扩散到了世界各地。

在早期智人阶段，曾经存在过一种名叫"尼安德特人"的人类。尼安德特人和智人被认为是晚期猿人在进化途中的不同分支。

尼安德特人出现于数十万年前，直到大约 3 万年前为止，生活在西亚和欧洲各地。另一方面，智人迁徙到欧洲是在大约 4 万年前，因此至少在大约 1 万年间，这两种人类是生活在同一片地域里的。

通过鉴定DNA发现，尼安德特人与智人之间存在着一定程度的基因交流。也就是说，这两种人类都在对方的种群里留下了自己的血脉。从基因角度讲，日本人体内也残存着百分之几的尼安德特人的血统。

与智人有过基因交流的古人类并不止尼安德特人这一支。

2008 年，科学家在俄罗斯西伯利亚的"丹尼索瓦洞穴"中发现了一小块人类的骨骼化石。根据碳十四的衰变程度推算，这块化石已有 4 万 1000 年的历史。2010 年，DNA鉴定结果显示，从这块化石中提取的基因与尼安德特人和智人的基因均有区别，新发现的古人种被命名为丹尼索瓦人。

尼安德特人和丹尼索瓦人虽然都曾在某个时期与智人共存，但他们如今均已灭绝，现存的人类只有智人这一支。

现代智人根据外貌特征可大致分成白色人种、黄色人种和黑色人种，但是并没有数据显示不同人种之间存在着先天的遗传性智力差距。

65 人类的进化和直立行走

◎ 从早期猿人开始直立行走

最古老的人类，目前被认为是在非洲中部的乍得发现的沙赫人（又称乍得古猿）。乍得沙赫人大约出现在 700 万年前。在那之后，在大约 580 万至 440 万年前，始祖地猿出现了。始祖地猿与我们迄今了解的猿人均有较大差异，因此作为早期猿人被认为是一个独立的物种。

地猿身材矮小，个头和雌性黑猩猩相仿，脑容量也和黑猩猩差不多，大约是现代人的四分之一至三分之一（300~350 毫升）。通过研究与地猿化石一同出土的其他动物化石，科学家发现地猿是生活在林地里的，而不像其后出现的猿人那样生活在草原上。地猿主要靠吃果实为生。

通过研究地猿，科学家还发现，早期猿人也许并不像我们想象的那样，是从森林来到草原以后才逐渐从四肢行走状态直立起身体的，而是在森林中生活时就已经开始挺起腰身直立行走了。只不过，早期猿人的骨盆下端和黑猩猩的骨盘一样又扁又长，因此他们的双腿并不适合用来行走，而更适合用来爬树。生活在森林里的早期猿人，大概只有在树与树之间移动的时候才会运用双腿走路吧。

从大约 400 万年前起，人类的历史进入了南方古猿时期，猿人开始出走出森林来到草原上，直立行走也因此变得更加稳健。

这一时期猿人的脚面上，已经进化出了不会与地面接触的脚弓，而这一特征是猿猴类与早期猿人所不具备的。脚弓可以在行走时起到减震与缓冲的作用，从而使步伐更轻松，进行长距离行走也不容易疲劳。

◎ 方便直立行走的身体结构

在大约 200 万年前，直立人（例如北京猿人）在非洲诞生了。从这一时期开始，人类的脑容量变得越来越大，智力也越来越发达。直立行走将人类的双手从步行中解放出来，变得能够自由使用，人类开始运用这双越发灵巧的手制造工具，而这一过程促进了大脑的发展。

与此同时，人类的身体结构也开始越发符合直立行走的需求。

直立人的背骨不再是垂直的，而是略有些弯曲的S形。他们的身体正面是被肋骨包围的胸部，胸部下面是内脏。为了平衡相对沉重的内脏，与胸部对应的背骨开始向后弯曲，从而将重心移到了身体中央。S形背骨还能起到缓冲的作用，减轻大脑在行走中受到的震荡。

腰部是另一个关键因素。为了使身体保持直立，进化后的人类骨盆比猿猴的骨盆大得多。骨盆的作用是支撑起上半身的内脏，特别对女性来说，还必须在直立姿势下托起腹中的胎儿。为了适应这样的需求，直立人的骨盆长成了碗形。

由此产生的另一个变化是发达的臀部。不论是否直立行走，臀部肌肉的作用都是让后腿在行走中用力蹬地。而对直立人来说，仅仅是保持站立就需要将双腿蹬直，为了向双腿提供足够的力量，人类在臀部上长出了发达的肌肉。

不过，由于人类直立行走的历史尚浅，我们的身体直到今天也没有完全适应这种变化。

比如胃下垂、脑贫血和腰疼，这些都是只有直立行走的人类才会得的疾病。

所谓胃下垂，是指胃离开正常位置，下移至盆腔的异位现象。胃原本位于我们的上腹部，但是在下垂的情况下会位移到肚脐或下腹部的位置。胃下垂的症状表现为消化不良、腹胀、厌食、胃灼热、恶心呕吐等。由于食物长时间停留在胃里，过度分泌的胃酸会使患胃炎和胃溃疡的风险大幅上升。

四足动物由于背骨是水平的，内脏沉在腹部呈横向排列，相比之下，直立行走的人类的内脏是上下排列的，这就是我们的胃容易下垂的原因。

直立行走赐予了人类灵巧的双手和璀璨的文明，但在另一方面也为人类带来了许多麻烦。

66　人类的手和不断变大的大脑

◎　为何要长指纹？

　　我们每个人都有指纹，而且每个人的指纹形状都不一样，且终生不会改变。这种特点让指纹可以被用于犯罪调查，或者说它是我们每个人的身份证明。古巴比伦人和中国在很久以前就利用指纹来验证人的身份。在日本，从江户时代起，拇指指纹就具有了与"签字画押"同等的效力，而在今天，指纹认证系统已被应用在大多数智能手机上，只需将手指放在按钮上即可解除锁定。

　　指纹的皮肤即使被火烧伤、被药物腐蚀，或者被揭了下来，重新长出的皮肤隆线仍会令指纹恢复原样。指纹是无法被消除或改变的。

　　事实上，指纹同样存在于黑猩猩和大猩猩等类人猿的手上。这是因为指纹原本就是在长期的树上生活中形成的，说白了就是"防滑纹路"。若不是因为人类的祖先曾生活在树上，我们是不会长指纹的。

◎　不断变大的大脑

　　直立行走解放了人类的双手，于是，人类开始运用这双自由的手制作捕猎工具和分解猎物的工具。

　　最古老的人类手部化石，出自在大约300万年前出现的南方古猿。

　　南方古猿手骨的大小和形状，已与现代人几乎无异。通过研究从同一地层出土的最古老的石器，科学家认为，南方古猿对双手的运用恐怕已经达到了和现代人相仿的灵活程度。

不过，南方古猿的脑容量只有约 400 毫升，与类人猿的差别不大。相比之下，出现于 50 万年前的直立人的脑容量约为 1000 毫升，而在其后出现的智人的脑容量更是达到 1400 毫升，已与现代人无异。

2012 年 9 月，日本酒井朋子灵长类研究所的研究团队联合林原类人猿研究所中心，首次揭示了黑猩猩胎儿的大脑发育状况。

研究结果显示，相比人类大脑在妊娠晚期的不断加速成长，黑猩猩大脑的成长速度在妊娠中期就已减缓。

黑猩猩的妊娠期为 33 ~ 34 周，人类的妊娠期平均为 38 周，不论是黑猩猩还是人类，在妊娠的前 20 周，大脑都是加速成长的。但是到了妊娠中期，在 20 ~ 25 周的时候，黑猩猩胎儿的大脑发育速度已达到峰值。而人类即使在妊娠晚期，脑容量仍在不断加速成长。

人类大脑的不断增大并不仅仅是直立行走和活用双手的结果。武器和工具的运用，以及有计划地狩猎和采集，在这些活动中进行的各种信息处理同样促进了大脑的发展。

◎ 人类以外的动物也能使用工具

在过去，我们始终认为只有人类能使用工具，但现在我们了解到，能使用工具的动物并不只有人类。

比如说乌鸦。生活在南太平洋新喀里多尼亚的新喀鸦，会用喙衔起细树枝插进树洞，等洞里的幼虫爬上树枝后再抽出树枝，用这种方法"钓虫子"。新喀鸦还会把带刺的叶子当工具，将隐藏在植物叶子根部的虫子掏出来。

关键在于，新喀鸦使用的叶子是它们"亲手"制作的 —— 新喀鸦会把叶子切成方便使用的形状。更夸张的是，亲鸟还会负责把这种在食物匮乏的环境中习得的"造物文化"传授给子鸟，在世代间形成传承。

说到动物对工具的运用，就不能不提到黑猩猩。

黑猩猩喜欢吃蚂蚁的幼虫和白蚁，每当发现蚁巢，就会在附近拔一根草梗插进蚁巢，然后把草梗前端粘到的幼虫放进嘴里舔食。如果蚁巢附近没有顺手的草梗，黑猩猩就会去远处找一根回来，截成合适的长度使用。最初发现黑猩猩这样吃蚂蚁的人，将它们的这种行为称为"钓蚂蚁"。

黑猩猩使用工具的本领颇多。它们会把粗树枝当杠杆使用，或是用细树枝去探查树洞里的蜂蜜。它们还会用树叶清洗身体。有时候为了敲开油棕榈的种子，黑猩猩甚至会把一组石块分别当作石锤和石台使用。

◎ 从本能到学习

鸟筑巢是本能。本能被编写在遗传信息中，是与生俱来的能力。例如蜜蜂在向同伴传达采蜜场所时会翩翩起舞，这同样是本能。

与此相对的是黑猩猩不论每天走到哪里，都会用树叶和树枝给自己铺床。这件事，黑猩猩在小时候是做不好的，它们需要仔细观察母亲的做法，记住它，然后在模仿中渐渐掌握。换句话说，黑猩猩会铺床是学习的结果。

钓蚂蚁也是一样，这项技能对 4 岁以下的黑猩猩来说相当困难。但是随着大脑的发育，黑猩猩将具备学习的能力，而这在一定程度上将它们从本能中解放了出来。

如果像黑猩猩这样四足着地的动物都可以制造并使用简单的工具，那么人类在直立行走和解放双手以后能够学习如何制造工具和使用工具也就不足为奇了。

执笔人

[日]左卷健男

01 03 04 05 06 11 15 17 18 29 32 36 42 45
50 54 55 56 58 60 62 63 64 65 专栏2 专栏3

个人的座右铭是"探索未知"。
兴趣是自然观察、在国内外流浪旅行、轻登山。

[日]青野裕幸

07 09 12 13 14 16 20 22 23 24 25 28 30 33
34 35 39 40 41 43 46 47 48 49 51 52 53 57
59 61 专栏1 专栏4

出生于1962年，毕业于日本北海道教育大学教育学部。现为成年
理科爱好者杂志《理科探险》副总编辑、"传播极致乐趣项目"
代表、公立初中理科正教员。
兴趣是制作骨骼标本、在国内外流浪旅行。

[日]左卷惠美子

02 08 10 19 21 26 27 31 37 38 44 66

完成日本东京教育大学大学院硕士课程（理数科教育），现为有
限公司SAMA企划代表。曾在千叶县公立高中执教34年，主要
执教科目为生物。
年轻时的兴趣是跑马拉松，现在喜欢到各处品尝美食。